# 佐藤可士和の超整理術

THE NATIONAL ART CENTER, TOKYO

UT

2007.02.11 SUN AM 07:03

2007.02.11 SUN AM 07:03

2007.02.11 SUN AM 07:03

2007.02.11 SUN AM 07:03

# 前言

「愉快而迅速地做好工作，不但讓他人開心，自己也感到快樂。」

倘若你問我是以何種心情面對工作，我將如此回答。如果能夠實現的話，那真是再好不過了。工作是人生食糧，不愉快便失去意義；以義務感面對工作，更無法獲得幸福。

「既然一定得做，不如開開心心去做。」

這是我對所有事物的想法，不僅限於工作。嚴格區分工作和私人，將工作單純視為工作、努力充實私人時間的想法，對我而言非常缺乏效率。若是希望有意義地度過有限的時間，我認為真心享受工作才是最實際的解決之道。

因此，整理術應運而出。「整理」這個字眼，乍看之下總覺得頗為沉重。光是聽見這個詞彙，恐怕就有人雙腿發軟。然而，我個人卻覺得整理其實是非常積極的行為。因為只要徹底執行整理，工作環境就能大幅改善。這當然需要一些技巧，絕非朝夕可及——正如滑雪（ski）或滑板滑雪（snowboard）的轉彎練習一般，逐步提升個人技術，跨越難關，就能朝目標邁進。

如果能夠這樣學習整理術，絕對可以感受到自己的工作環境越變越舒適，同時，工作的精細度亦將出現顯著的進步。我在本書所闡述的整理術，並非為了整理而整理，而是一種「如何享受舒適生活」的根本方法論。所以，從辦公桌四周的空間，乃至於工作上的問題、人際關係等各種情況皆能適用。

對於那些想要提升工作技巧、想要積極面對工作的人，我誠心希望本書內容能有所助益。我本身也是因為學習整理術的關係，工作效率突飛猛進，連自己都大感驚異。跟以前相比，從推敲案件到完成裁奪的速度簡直判若兩人。

目前，我的工作室「Samurai」正在執行的企劃，大大小小共計約三十件。經常有人問我：「你為什麼能夠如此迅速地處理大量工作？」其實這正是拜整理術之賜。正因為我徹底執行整理術，訓練判斷力，工作技巧長足進步，才能迅速下達正確的決斷。要是我繼續鍥而不捨地練習，總覺得能力再提升十倍也不無可能。

我絕對不是以「義務」的心態執行整理術，而是由於一心想讓工作進行得更愉快，自然而然習得了這項技術。仔細一想，我甚至也將自己從事的設計工作視為充滿創意的整理術。因為要創造出一個設計，就必須徹底整理目標對象，找出最重要的關鍵——本質，再將它化為有形之物。

說起來，我從小就喜歡整理，特別是整理之後那種難以言喻的爽快感，或許可以形容成濃霧乍散一般的爽快。是的，對我而言，整理本身就是最佳娛樂——一邊追求這種快樂，一邊訓練自我能力。面對混沌的社會和時代，運用整理來解決問題的爽快感與工作緊密結合，若是整理得當，不但有助商品暢銷、提升品牌形象，客戶也會感到滿足，真是大快人心。

假使你非常不擅長整理，本書或許可以成為一個契機。正如只要換個想法，黑白棋的棋子就能一個接一個翻面，說不定你將因此愛上整理。如果你能因此積極面對工作，吾願足矣。

「原來整理是這麼快樂的一件事啊！」

我衷心期盼有更多人能體會這種猶如運動後的爽快感受。

# 佐藤可士和の超整理術　目次

## 3章 第一階段：「空間」整理術——設定優先排序

# 1章　解決問題的「超級」整理術

# 好工作少不了整理術

「藝術指導為什麼要談整理術？」

對於我選擇整理術這個主題，相信也有許多人感到不可思議。或許是因為大家多半認為藝術指導如同藝術家一般，不斷地創造強烈、誇張的作品，難以跟「仔細收拾」這種整理行為連結在一起。

首先，請各位捨棄刻板印象。本書所闡述的整理術，跟所謂的生活小智慧完全無關，而是探討工作、人際關係，專門解決核心問題的「超級」整理術。其次，我所從事的藝術指導，跟藝術家的工作截然不同。不止如此，我更致力拓展大家對於藝術指導這個名稱所能想像的工作範疇。

關於藝術指導（Art Direction）的一般定義，簡單來說就是「擬訂、執行平面廣告企劃的統籌監督者」，我則試圖逐步擴大解釋這個定義，不單限於平面媒體，工作範疇更擴大至電視廣告、空間、包裝等。除了廣告之外，我最近甚至開始從事商品開發、企業和教育機構的形象包裝。

因此，我所從事的工作內容是「擬訂全盤的溝通戰略，運用設計的力量將其化為有形之物」。乍看之下不免以為是藝術性的自我表現，實際上則比較類似替客戶進行診療、解決問題的醫生。

我舉一個自己經手的案件為例：二〇〇二年上市的麒麟發泡酒[1]「極生」。當時各家廠商都在如火如荼地研發新的發泡酒，我則是針對麒麟新產品的命名、包裝設計、廣告戰略等進行統籌性的監督，換言之就是商品開發的工作。

我的提案是極度簡約的冷調風格，包裝直接使用鋁罐的底色，以藍色的單色

1 日本啤酒廠商為了規避啤酒的高稅率，使用較少比例的麥芽釀製而成的「類啤酒」。由於發泡酒的稅率比啤酒低了許多，售價因而降低。

印刷方式，印上代表麒麟的聖獸和商品名稱「極生」；宣傳方面也完全不打電視廣告，將包裝設計當成視覺識別標誌，主打平面媒體。

這個強力、嶄新的戰略當時掀起一陣話題，然而，我絕無創造特異風格的念頭。當時的人們一說到發泡酒，多半認為那是「廉價」、「質劣」的飲料，社會充斥著「發泡酒是為了節省啤酒經費的無奈選擇」這類負面印象，客戶則一直試圖打破這種現狀。

於是，我開始思考如何扭轉發泡酒的負面印象——並非風味不足，而是「清爽不膩的口感」；並非廉價版啤酒，而是「可以輕鬆享受的現代飲料」——如此轉移一般人對發泡酒的看法。我絕非妄下結論，而是換一個角度，找出積極的觀點。接著，直接將這種正面形象視覺化——也就是簡約冷調的包裝及廣告手法。

這是我跟客戶談話間所產生的靈感。換言之，並非我信手拈來的形象，而是透過不斷對客戶進行問診——聆聽，徹底整理對方面對的課題和意欲傳達的內容，自然就能找出最適當的表現方式。所以，「替客戶進行診療的醫生」這個比喻確實相當合適。

## 藝術指導—醫生

讓我再進一步說明吧。

目前是銷售瓶頸的時代，「請幫我們改善這種狀況！」有不少焦慮的客戶為這類問題找上我。

這一類的案子有兩種情況，其一是商品真的毫無價值，或許是市面上隨處可見的東西，或許是完全不符合時代的產品。非常抱歉，這種情況我也愛莫能助。

其二是商品本身雖然夠好，可惜沒有正確傳達出它的優點。這種情況就沒問題，只要整理客戶想要強調的內容，適當傳達其優點，便能獲得該有的評價。

我再重申一次：絕對不是從我個人的靈感來創造成品。一說到藝術指導，經常有人認為是無視客戶本身的風格，創造虛假的形象，實則不然。我們必須經由不斷跟客戶溝通，藉以找出答案，並且正確地表現該答案，讓商品和大眾之間能夠溝通無礙。

要舉例的話，我是醫生，客戶則是患者。對於面臨困境、不知該如何解決的客戶，由我進行問診，找出症狀的癥結以及治療方向。一邊掌握問題點，同時找出應該加以鍾鍊的潛力。因此，才會想到「藝術指導＝醫生」這個最佳形容。總之，藝術指導的工作並非創造自己的作品，而是解決對方的問題。只有設法將解決方法化成有形之物的時候，才第一次使用到設計的創造力。

一如前述，我認為藝術指導的原動力並不是自我表現。常常有人問我：「像你做這麼多不同類型的案子，是否會覺得腸枯思竭？」這種擔心是多餘的。因為答案不在我的腦子裡，而是一直在對方心中。因此，為了引導出該解答，如何整理對方的思緒就變得極其重要。

## 關鍵在於整理對方的思緒

整理對方的思緒是相當困難的事。站在客戶的立場，想要傳達的訊息堆積如山，樣樣都想推銷；然而，消費者不可能如客戶所願，理解所有內容。更何況在資訊氾濫的今日，若非極端強烈的訊息，就無法深入消費者的內心。是故，必須一一推敲客戶堆積如山的思緒，加以整理。

整理時不可失去客觀的角度。如果不與標的保持距離，冷靜詳察，就無法針對大量要素設定優先排序，毅然捨棄多餘內容，逐步將焦點凝聚於重要的關鍵，細細琢磨，成就簡練俐落的有形之物。

廣告或識別標誌完成之後，經常有客戶表示：「我從來不曾發現自己公司的品牌和商品有這種魅力！」唯有站在客觀的角度檢視，才能看見那些當事人因為太靠近而無法察覺的內容。另外也有人說：「雖然感覺很新鮮，可是一點都不突兀。」這正是因為我並非從零創造一切，而是將核心價值從對方的思緒裡導引出來。

市面上的傑出設計也是運用類似的手法，例如：阿納・雅各布森（Arne Jacobsen）設計的名椅「Model 3107 chair」，以及蘋果電腦的「iPod」，就是藉由整理各式各樣的要素而成，以極近完美的形式表現出意欲傳達的訊息，是完成度非常高的設計。

藝術設計的本質正是如此。透過整理，發掘最重要的關鍵，再加以琢磨、設計。只要這個過程順利，便能完美地將訊息傳達給觀者。換句話說，我所從事的工作，就是連結商品和消費者的溝通設計。

# 不掌握本質，就無法創造好的結果

然而，我並非打從一開始就有這種意識，起初也是覺得藝術指導的地位接近藝術家，認為兩者的工作都是創造自己的「作品」——藝術家的作品本身就是商品，而藝術指導則是將自己的「作品」置入媒體和企業的廣告內——就讀美術大學時期的我如此認為。

直到大學畢業、進入廣告公司之後，我才發現事實不是如此。每天身處製作現場，痛切感受到廣告並非自己想像的那樣受人關注。工作人員熬夜多日，就連小細節都反覆議論，成品卻幾乎沒有引起話題。雖然實際生活裡我們每天都看見大量廣告，殘留腦海的卻是微乎其微。

無論製作多麼有型的「作品」，如果沒有真正引起世人的興趣，就毫無意義。特立獨行的表現手法，或許可以勾起一瞬間的注意力，但也會立刻從記憶消失。唯有確實掌握商品本質，有效表現，才能製作長留人心的作品。重點不在於自我表現，而是如何將訊息傳達給他人——這時我終於發現，只有運用設計和視覺的力量，讓對方瞭解我想傳遞的內容，廣告才能發揮功效。

充分發揮此一功效的廣告案例，就是我在一九九六年負責的本田休旅車「STEP WGN」。當時一說到麵包車（Minivan），大家都會認為那是全家一起出遊的車子。然而，在那個時代，「全家共度週末」給人的感覺並不正面，總之絕對稱不上帥氣，再加上我那時還沒結婚，一開始實在摸不著頭緒。

以前的我遇到這種情況，恐怕就會選擇自行替商品創造形象，硬著頭皮營造出氣派的全新家庭形象，向消費者強迫推銷。可是，當時的我選擇冷靜思考，拋開個人喜好，誠懇面對這輛汽車所具備的核心價值。全家出遊其實是非常幸福的事情，只要想辦法讓它看起來非常美好，不就行了嗎？

「STEP WGN」是最適合假日的家庭房車，所以我把焦點放在跟孩子一同出遊的樂趣，徹底強調這個優點。標語是「跟孩子一同出遊吧」，縮小車子的照片，畫面以兒童塗鴉般的識別標誌和動物圖畫占滿，是一個猶如躍入繪本世界的宣傳廣告。或許由於直接傳達了出發冒險的興奮感，這個顛覆以往汽車廣告風格的大膽手法深獲好評，銷售量也躍登同級車種的冠軍，廣告活動持續七年之久。

話說回來，雖然學生時代經常聽老師說「廣告是進行溝通設計的工作」，可是直到投入職場，我才真正明白個中道理。

# 整理術能夠扭轉工作和生活！

向他人傳達訊息其實非常困難，即便自認已經確實傳達，然而實際上大部分都沒有如實傳遞，能夠傳達五成已經十分難得，若要對方能夠百分之百理解，可說是難如登天。

主要仍是因為一般人不善整理想要傳達的內容。重點是什麼？該如何正確傳達？我是透過廣告、識別標誌、商品等的設計來表現想法，不過語言的力量其實也很驚人。我固然是運用視覺表現語言無法傳達的東西，可是運用語言解釋作品（＝想法）也是不容忽視的環節。

我記得以前就算向客戶展示自認有趣、有型的設計，有時也無法獲得肯定的回應。「為什麼就是不懂？」當時總是教我忍不住恨得牙癢癢，但如今回想起來，其實要歸咎於自己沒有好好整理內心想要表達的事物，而該結果就如實顯現在作品上了。

若能向對方條理分明地闡述自己採用該設計的心路歷程，若能徹底整理自己的思考路徑，作品自然不再濛昧不清。當思緒沒有任何陰霾，焦點凝聚於目的，邏輯自然暢通無阻。如此一來，便能毫無瑕疵地解釋自己的作品，不容對方有置喙的餘地。換句話說，作品完全成為了自己的東西，成品無懈可擊，簡報當然順暢無比，正式向消費者介紹時，也能有條不紊地傳達作品的鮮明印象。

前面舉了一些關於我自己工作方面的例子，不知各位是否感受到整理的潛力了呢？身為藝術指導的我，為什麼要寫一本談論「整理術」的書？對，因為整理潛藏著足以改變價值觀的驚人力量。本書所闡述的整理，並非充斥街頭巷尾的那種生活小智慧，而是掌握傳達內容的方法，重點是在探討溝通的本質。

學習整理術為我的工作帶來不計其數的成效，不僅限於藝術指導的工作，整理術在各種商業場合都是促使溝通變得圓滑無礙的原動力。就結果來看，只要交辦事項和思路經常處於井然有序的狀態，包括工作在內的生活形態就會出現戲劇性的變化。

希望各位務必嘗試本書介紹的整理術，親自感受它的驚人效果。

# 2章　一切從整理開始

# 你是否尚未認清問題本質就急於處理

## 隨時對於這個複雜的社會抱持危機感

一說到整理，就有許多人覺得費事或棘手。然而，我可以向各位保證，疏於整理的狀態和隨時保持乾淨清爽的狀態，兩者不論在工作效率或是精細度方面都是截然不同的。我天生就愛整理，不斷訓練自己的整理能力，對於掌握溝通設計這個工作的本質有難以言喻的助益。

既然如此，我們應該依照哪些步驟進行整理呢？開始解說之前，我想先談談目前社會狀況何其混沌，掌握現狀幾乎是不可能的任務，我認為這是非常危險的情況。

我們在日常生活中或許甚少察覺，現代社會其實極度複雜，除了缺乏明確界線的現實世界和網路虛擬世界，還有建構在大腦裡的「腦化社會」這種想像世界，許許多多的世界共存，形成龐雜的混沌狀態。無數資訊交錯紛飛，即便是單一資訊，每個人的看法也大相徑庭，而且資訊時時刻刻都在變化。資訊本身的數量就已經非常可觀，又基於不同觀點蛻變成完全不同的內容，並且持續變化。這麼一想，各位就能想像要掌握現狀有多麼困難。

話雖如此，許多人都選擇在自己的可視範圍內理解現實，以單純的角度看待世界，很少有所質疑。首先，對於這個狀況抱持危機感，才是解決問題的第一步。若不認清掌握現狀的難處，就不會想要接近事物的本質，進行理性思考。此外，因為無法自行判斷，不免被他人的表面分析牽著鼻子走。我想，一定有不少人對於調查結果和社會常識照單全收，卻誤以為自己已經掌握現狀。

請務必認清混沌的現狀，抱持解決問題的心理準備。同時，隨時保持窮究問題本質的積極態度，才是整理術的最大前提。

## 表面應付無法解決問題

一如前述，如果不回歸事物的源頭，就永遠無法真正解決問題。即使解開了表面交纏的線頭，內部依舊是糾纏不清的狀態。話雖如此，尚未認清核心問題，就急於應付了事的例子卻是屢見不鮮。

跟許多企業來往的過程中，我站在客觀的角度觀察，發現一般企業都不太注意核心問題，認定消費者都很關心自家商品，基於這個前提執行企劃。一開始，我覺得相當詫異，最後才瞭解這是所有業界的普遍現象。因此，大部分的案件在進入正題以前，我都必須先告訴客戶「不，其實消費者一點都不關心」，督促對方站在客觀的角度，回歸事物的源頭。

進入廣告公司之後，我始終對這個現象感到不解，例如參加某某廣告企劃案的會議，不知為何大家一開始就只顧著討論細節以及如何讓簡報成功。「這些人到底在幹什麼？這樣根本不可能有人對這個廣告有興趣吧？」我內心不禁愕然，因為最重要的文宣和視覺毫無震撼力。如今這個情況已經大為改善，可是當時的廣告界，前提就是「廣告是受眾人注目的東西」。所以，沒有人質疑核心的部分，只顧著討論細節上的調度。然而，若不正視「廣告要引起眾人關注其實相當困難」這種核心問題，根本無法解決問題。

再舉一個廣告的例子。在預算有限的情況下，如果想要平均地執行電視廣告、雜誌、特殊活動等零星企劃，就結果而言，反而很難引起人們的注意。一旦企劃不順利，又得進行更瑣碎的修正，陷入這種惡性循環的例子多不勝數。

既然如此，該怎麼辦才好呢？

很簡單，只要瞭解最大目的並非活動或廣告，而是「吸引眾人目光」即可。例如完全放棄採用電視或雜誌等大眾媒體的大型廣告戰略，試圖讓商品成為某種新聞話題也是一種手段。我以前負責SMAP的CD銷售活動時，將停放在澀谷路邊的汽車罩上特製防塵套，並向路人發送貼紙，請他們貼在衣服上，讓整個澀谷區成為一個媒體，掀起震撼。這種異於一般大眾媒體的廣告和宣傳手法，成功引起話題，電視和報紙無不爭相報導。從這個例子就可以看出：只要認清問題本質，就能發現全新觀點。

表面應付無法真正解決問題，正如對症下藥無法根除病源是相同的道理。講到這裡，先來談談另一個比較無關的話題——我開始定期運動之後，對這件事就有更深的感觸。我大約從三年前開始進行平衡球（Balance Ball）運動，儘管不是特別激烈的運動，身體卻變得出奇強健，不但成功克服原本賴床的惡習，而且不再腰痛，也很少感冒。整個身體的感覺都變得更加敏銳。

健康狀態和身體感覺之所以大幅改善，我想是因為包括腹肌在內的軀幹肌肉鍛鍊有成，身體的軸心調整至最佳狀態的緣故。現代人很容易出現身體左右失衡的問題，聽說這亦是各種疾病的原因。

不靠對症下藥暫時壓制症狀，而是調整身體軸心，恢復原有健康。只要面對核心問題，事情多半就能順利解決。

## 按部就班學好整理術

**依照「掌握狀況→導入觀點→設定課題」的順序進行**

接著，讓我們再回來談工作上的整理。要按照哪些步驟整理，才能確實掌握問題的本質，找出解決之道呢？我個人多半是按照下列的順序進行：

1. **掌握狀況：替對象（客户）進行問診，取得關於現狀的資訊。**
2. **導入觀點：以各種角度檢視資訊，找出問題本質。**
3. **設定課題：為了解決問題，設定必須處理的課題。**

步驟其實很單純，可是，每個步驟都有其重要意義。要是嫌麻煩而跳過某個部分，將造成遠離本質、偏離主題的結果。

第一個步驟「掌握狀況」是一切的起步。客戶各自帶著不同的問題來找我，大家都看見了「結果不盡理想」這個事實，卻不知道原因何在、問題本質是什麼。

於是，我們透過詳盡的討論，仔細分析狀況。所需時間則依客戶而有不同，例如麒麟這種知名度高、商品跟我個人生活經驗有密切關係的企業，因為局外人也能判斷的部分甚多，所需時間自然較短；然而，如果商品的目標群眾是女性或高齡者，跟我的接觸點較少，或是商品知名度較低的企業，就得花費較長的時間，以便掌握狀況。

## 問診時不可輕忽微妙差異

舉例來說，前面提過麒麟的發泡酒「極生」這個例子，因為畢竟是平常就十分熟悉的飲料，花費的問診時間並不長，然而，狀況卻相當棘手——客戶希望繼數年前的暢銷作「淡麗」之後，創造另一個招牌商品，可是競爭商品眾多，一直做不出暢銷新作。麒麟想主打低價策略，決定這次新產品的訂價比過去的發泡酒再便宜日幣十圓。除此之外，還要消除發泡酒的負面印象，創造全新價值，真是非常嚴苛的要求。

話說回來，當時的消費者又是如何看待發泡酒呢？發泡酒是藉由降低麥芽量來抑制稅率，達成低價供應的飲料。其誕生背景是在泡沫經濟崩潰後的不景氣環境，比起昂貴的產品，人們更喜歡便宜、CP值較佳[2]的商品，小型車比大型車受到青睞就是一例，而廉價的進口啤酒也是在這個時期搶進日本市場。

在這種背景下誕生的發泡酒趁勢成為時代寵兒，市場占有率以爆發之勢成長，二〇〇二年，各廠商爭相推出新商品，消費者的印象也開始定型。話雖如此，若以一句話來形容，發泡酒就是「廉價版啤酒」。麥芽較少，不及啤酒香

2 Cost Performance Index，成本績效指標。CP值較佳，亦即產品花較少的錢，獲得較高的效能。

醇，人們多半是因為價格低廉才喝發泡酒。儘管是成長顯著的商品，但是正如「趁老爸不注意調包成發泡酒」這句戲言，絕對算不上正面支持。

面對這種現狀，麒麟決定推出更便宜的新產品。在競爭商品打得不可開交之際，十圓的差距究竟能取得多少優勢？一味強調便宜是否反而會加深廉價品的負面印象？要如何才能強調便宜，同時將形象導向正面？經過反覆問診，各種問題點逐一浮現。

換言之，問診行為的目的就是掌握現在所處情況，認清問題點和關鍵點。即便是一般商業場合，也可以將問診運用於撰寫企劃書。不妨試著對與案件沒有直接關係的親近友人，根據主題進行聆聽。這時的重點不在數量，而是如何引出真實，例如：不單是喜歡或討厭，而是非常喜歡？還可以？抑或非常討厭？對於這種微妙差異能夠掌握多少是極為重要的，因為這種微妙差異正是市場調查的數字難以顯示的部分。人類和人類直接溝通時的感觸其實非常敏銳。

以醫生為例，「問診」的重點不止是肚子痛，而要問出肚子哪裡痛？是劇痛？一陣一陣的痛？還是隱隱作痛？此外，正如「觸診」一詞，使用醫療器材之前，醫生要先以手接觸患部，檢查病情。如此透過五感瞭解詳情，即是問診的基本。

透過問診掌握微妙差異，這個運用人類感覺的最初作業，乃是不可欠缺的重要步驟。

## 導入觀點，窮究問題本質

透過問診掌握狀況之後，為了查明問題本質，必須釐清資訊的因果關係。在掌握狀況的階段，各種資訊呈現濛昧不清的堆積狀態，務必將這些資訊相互對調，設定優先排序，捨棄多餘資訊，排除含糊曖昧的部分，找出「這個因為這樣所以變成這樣」的關聯性，整理成具整合性的資訊。

因此，本階段必須導入個人觀點，基於某種觀點連接雜亂無章的資訊，找出造成該狀況的問題本質。這個「導入觀點」，可說是整理步驟的最大難關。

我們再回到麒麟極生發泡酒的例子。要解決問診時所掌握到的狀況，當時看起來非常困難，就算勉強營造正面形象，因為跟商品的調性不合，也是毫無意義；話雖如此，一味強調便宜，不免又欠缺吸引力。所以，我列出問診得到的資訊，試著導入「宏觀視野」，將觀察的角度從商品本身後退至整個發泡酒產業，重新檢視發泡酒的負面印象究竟從何而來。

於是我終於發現一切的原因：問題本質就在於「勉強模仿啤酒」。無論是發泡酒的廣告、包裝，都在抄襲啤酒形象，處心積慮地讓商品看起來像啤酒，避免消費者察覺他們喝的是發泡酒。因為沒有將發泡酒本身的獨特性強調出來，結果就變成一味訴求便宜。這個狀況不僅限於麒麟，整個啤酒產業都是如此。

所以，我就確信「關鍵課題是樹立發泡酒的獨特地位！」基於宏觀視野釐清資訊的因果關係，就能認清應該前進的方向。

如此這般，問題本質一旦浮現，便能夠察覺有待解決的課題。說來或許有些複雜，問題本質有兩種：其一是像麒麟極生發泡酒這類，有必須消弭的負面事項，此時只需排除該課題，問題便能獲得解決；另一種情況則是雖有應該強調的優勢，卻任其埋沒，這時的課題就是如何強調該優勢。換言之，找到的問題即是答案。

無論何者，要發掘問題本質，就得找出「什麼是最重要的事情」，也就是必須設定優先排序。我認為這件事非常困難，但若是放任不管，事後必然出現破綻。以極生發泡酒的例子來說，比起商品內容云云，瞭解發泡酒整個產業的現狀，以及造成該狀況的原因，是更為重要的。

希望各位平常就能進行「一邊整理事物，一邊設定優先排序」的訓練，若是能夠累積足夠的經驗，工作精細度必能有所提升。

## 找到課題，問題就已解決一半

能夠找到課題的話就太好了。一旦認清應該前進的方向，案件可說是已經完成了一半。

麒麟極生發泡酒的例子正是如此，其後進行得十分順利。當我設定了「樹立發泡酒的獨特地位」這個課題時，其實就算是成功完成另一項「導入觀點」。重新檢視先前一直視為負面印象的要素，我驀地靈光一閃——這些負面印象，不是可以直接扭轉成正面嗎？並非「廉價版啤酒」，而是「可以輕鬆享受的現代飲料」；並非「風味不足」，而是「清爽不膩的口感」……諸如此類。站在模仿啤酒的立場或許是負面要素，可是換一個角度，就能變成最佳銷售訴求。當時，我非常希望將它們變成全新的價值觀。

以服裝打比方，請將啤酒想成西裝，發泡酒則是T恤配牛仔褲的打扮。現在這個時代，應該不會有人認為穿T恤是因為沒錢買西裝，而是單純基於個人喜好，才會選擇休閒風格的打扮，認為那樣比較簡單自由。我心想，如果可以轉換成這種正面氛圍就再好不過了。

於是，包裝設計只強調商品名稱「極生」和麒麟的聖獸識別標誌，主打簡約冷調的風格。另外，直接使用鋁罐本身的銀色，採用藍色的單色印刷，一方面強調輕淡爽口的感覺，同時若無其事地點出便宜的理由——一般的啤酒包裝大多使用七、八種顏色，而在這種常識之下，省略無謂的包裝，透過視覺直接表現出商品並非「廉價」，而是「便宜其來有自」的感覺。

如此這般，這個案件的最大關鍵就是從不同的觀點檢視發泡酒。先透過「退一步的宏觀視野」讓問題本質浮出檯面，至於「試圖從反對角度檢視」則是確定觀點的重要關鍵。

就結果來看，極生成為暢銷商品，成功樹立發泡酒的獨特地位。極生推出之後，發泡酒不再是相形失色的商品，甚至可說是完全取代了啤酒的地位。昔日發泡酒的地位目前已被「第三啤酒」[3]取代；至於啤酒，則成為主打高價訴求的飲料。

正因為沒有採取表面應付，才能透過極生的開發，成功找出重新認識啤酒產業現況的契機。首先掌握狀況，繼而認清問題本質，並設定應該解決的課題，最終才得以獲得這個結果。

## 將課題視為想要征服的山，找出正確路徑

以上就是整理的進行步驟。我借用麒麟極生發泡酒的例子，解說掌握狀況、導入觀點和設定課題的三大步驟，不知各位瞭解了多少？以下再舉一些例子，幫助各位產生視覺印象。

3 使用麥芽以外的原料製作，或在發泡酒裡摻雜其他酒精飲料，成為具有啤酒風味的發泡酒精飲料。

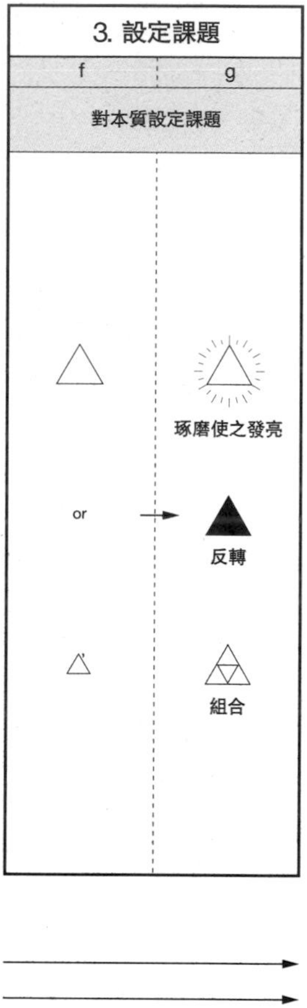


## 1. 掌握狀況

為了找出問題本質，首先要替顧客問診，如○△□般列出取得的資訊。（b→c）
假使資訊僅存在客户腦裡，為了將原本看不見的事物可視化，就必須從前一個步驟，也就是將思緒資訊化開始。（a→b）

## 2. 導入觀點

相互對調各類資訊，捨棄多餘資訊，排除含糊曖昧的部分，捨棄無謂的小○△□和重複的內容（d）。
接著再導入觀點，釐清資訊的因果關係（d→e）。
如此一來，就能認清問題本質△。
基於不同觀點，有時亦能發掘潛藏於△内的本質△'。

## 3. 設定課題

將找出的問題本質△或△' 設定為課題，導出解決方法。（f→g）
如果本質是正面的，就琢磨使之發亮、重新組合，強調原本任其埋沒的優勢；如果本質是負面的，則進行反向思考，將負面扭轉成正面，找出魅力所在。

●整理的步驟

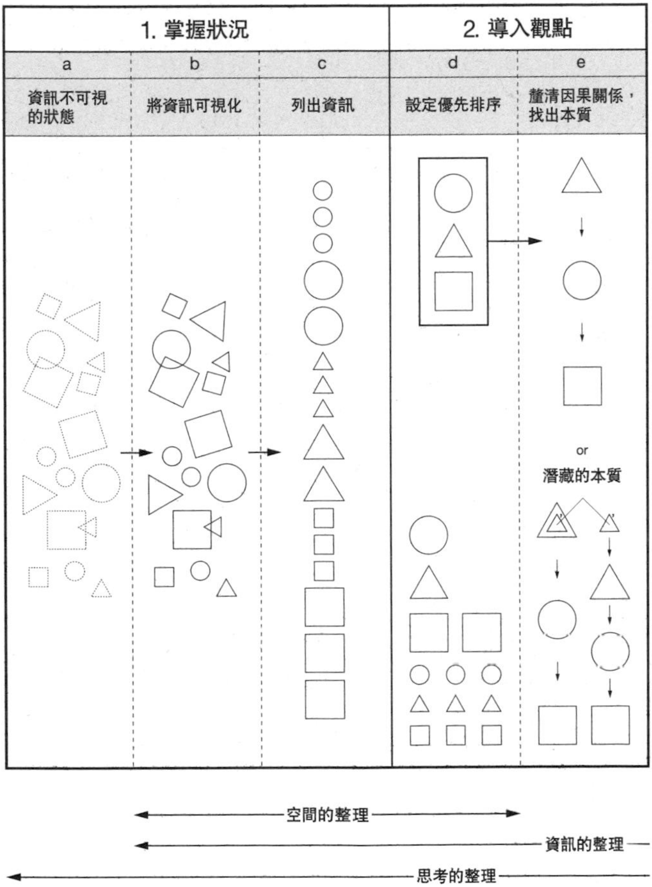
1. 掌握狀況
2. 導入觀點
a
b
c
d
e
資訊不可視的狀態
將資訊可視化
列出資訊
設定優先排序
釐清因果關係，找出本質
or
潛藏的本質
空間的整理
資訊的整理
思考的整理

找到課題，說起來就像是找出想要征服的山。不知問題根源為何的最初狀態，請想成在樹海迷路的情況——不知該往何處走，即使胡亂前進，眼前淨是密林一片。可是，邊走邊掌握狀況之際，終於看見遠方的光亮，朝光線前進，不久就出現一座山，只要征服那座山就能得救。話雖如此，爬山也不是那麼容易，路徑很多，一旦走錯就無法抵達山頂。

換言之，錯誤的步驟將降低目的達成度。此外，山的高度亦會隨著客戶的動機而改變。意志越堅強的人越不怕面對困難，越想征服更高的山。溝通亦是良好的潤滑劑，讓雙方一邊共享終點的概念，一邊確實邁進。

然而，倘若事業規模過於龐大，方向性模糊難辨，要征服的山不免變得朦朧不清。這時就得堅定自己的觀點，讓輪廓在濃霧中浮現。

以上的例子是否能夠幫助各位瞭解整理和釐清的感覺呢？在五十六頁和五十七頁的圖表裡，我利用單純化的記號進行解說，希望可以讓各位更容易明白整理的步驟。

## 從空間到思考，目標是三階段整理

前面透過數個案例和圖表，闡述整理的步驟及重點。話雖如此，因為包含許多觀念性的內容，各位或許會感到難以實踐。

因此，為了讓各位更容易瞭解，下一章開始將分成以下三大階段，具體說明整理術。

**1. 空間整理術**
**2. 資訊整理術**
**3. 思考整理術**

三種整理術的基本道理都相同，只是難度逐漸提升。

首先是「空間整理術」。辦公桌四周、電腦、辦公室等等，請從清理身邊的空間開始。從實際所處的環境起步，比較容易掌握訣竅。不透過大腦，而經由身體實際感受，才是學習的最佳捷徑。本階段的訓練目的是學習如何設定優先排序，認清重要事物。

其次是「資訊整理術」。儘管沒有文字或影像這類實體，不過是有形之物的整理。資訊與空間不同，無法觸摸，但是肉眼可見，只要確實掌握資訊之間的因果關係，就能順利解決問題。所以，必須仔細酌量雜亂無章的資訊，並且加以連接。該章將介紹資訊整理的關鍵技巧——導入觀點。

最後則是「思考整理術」，這是最難的一項。簡言之，就是整理人類思緒。因為既非文字，亦非影像，甚至無法以肉眼辨識，必須巧妙將腦內的東西引導出來，加以組合。比起真實物品，人們較不容易對概念性的事物產生真實感，所以只得不斷進行問診，慢慢迫近核心。這時最重要的關鍵就是將思緒資訊化，只要將原本看不見的事物可視化，其後就跟「資訊整理術」的步驟相同，可說是「資訊整理術」的進階篇。一旦突破這個難關，由於對方想表達的內容和自己想表達的事物都變得十分明確，溝通自然更加順利。洽商也好、日常會話也好，基本步驟都相同。

是的，商業場合就不用說了，整理術甚至可以運用在生活中的各種場合，正所謂「整理術可通一切」。房間髒亂不堪的人、煩惱寫不出一份好企劃的人、簡報技巧無法提升的人，請務必一試。

# 3章　第一階段：「空間」整理術——設定優先排序

# 空間整理的目的，在於創造舒適的工作環境

## 徹底整理，迴避風險

「好一個簡單整齊的空間，完全看不出是辦公室呢！」

一般人初次造訪我的工作室「Samurai」，十之八九都會詫異地瞪大雙眼，有些人甚至忍不住要問：「你明明是設計師，為什麼一點東西都沒有呢？」

訪客有這種感覺的確一點都不奇怪。我的辦公室設計十分簡潔，係以兩道牆將接近正方形的大空間分為三區。三個區塊分別為：會議空間，員工的工作空間，我和經紀人的空間。

牆壁和天花板漆成白色，地板則鋪滿檜木，全體調性統一也是清爽的理由之一。家具也很簡潔，會議空間只放置了二十張椅子和長桌。牆壁只掛了一幅大

型藝術畫，極力省卻無謂裝飾也是裝潢的一大重點。

話雖如此，我從事的畢竟是設計工作，稍不注意，雜物就會不斷增加，唯有時時提醒自己整理，才能保持這種清爽狀態。而且不只是我自己，全體員工也盡全力整理環境。

之所以要執行得如此徹底，主要原因是整理有助迴避工作上的各種風險，這點極為重要。

以前我任職於其他公司的時候，經常有這類痛苦的經驗。設計師這種職業經常要保管許多資料和素材，公司儲物空間的景象其慘無比。總之就是雜亂無章，東西堆積如山，完全沒有整理。

話說有一次某著名攝影師的原稿不見了，因為同事說應該就在這裡，我便拚命找了四個小時，終究還是一無所獲。最後得知原稿在印刷廠的時候，真不知該說是空虛或憤怒……有種全身虛脫的感覺。可是，事實上我一開始也無法確定原稿究竟在不在這裡。所以，自行創業之後，我便下定決心要徹底執行整理，避免這種問題再度發生。

## 透過身體力行，感受整理成效

「我希望能夠在沒有雜物、整潔舒適的環境中，有效率地工作。」

這是我執行「空間」整理術的大前提。只要整理得宜，處於一覽無遺的狀態，就沒有自己無法掌握的事物。如此一來，工作效率自然提升，亦能迴避風險。

最理想的狀態是不但收拾整齊，而且完全掌握物品的擺放位置。如果乍看很雜亂，可是當事人曉得每件物品的擺放位置，倒也還能接受；最要不得的則是不知道東西擺在哪裡，工作空間又顯得擁擠不堪。這樣不止妨礙工作，找起東西又很耗時，當然成為問題的溫床。

請各位想像一下自己的工作環境：物品少、整齊清爽的桌子，以及東西亂成一團、幾乎看不見桌面的桌子，哪個環境比較舒適是顯而易見的。話雖如此，許多人還是很難保持桌面整潔。

這恐怕是由於大家都將工作擺在第一順位、將整理桌子擺在後面的緣故。然而，這個順序其實正好相反。因為唯有保持工作環境清爽，才能提升工作效率。

因此，我不建議大家是基於年終大掃除的義務感，或是無可奈何的心情執行「空間」整理術，請本著有助提升工作精細度這類正面、積極的態度從事整理。

「空間」整理是最適合初次嘗試的整理術，畢竟光憑大腦理解事物其實非常困難，透過身體力行的整理經驗，最容易感同身受。本章將一舉公開「設定優先排序」的技巧，只要瞭解什麼是重要的事物，就能輕鬆決定該捨棄什麼。一旦體會到自己周圍的環境正逐漸改善，必定就能明白整理的好處。

# 從隨身公事包的整理開始

## 公事包裡的東西真的都是必需品嗎

進入辦公桌的話題之前，我們先來談談更貼身的公事包。各位平常工作的日子，都是帶什麼公事包出門？裡面又裝些什麼？

順道一提，我自己多半是空手。隨身物則包括：

- 行動電話
- 住家鑰匙
- 卡片收納包（內有信用卡兩張、工作室的卡片鑰匙、紙鈔數張）
- 零錢

因為東西不多，可以將它們分別收納在口袋裡。

「你為什麼可以帶這麼少東西呢？」

不用說，經常有人問我這個問題。以前出門時，我也是隨身攜帶放了許多東西的公事包。我很喜歡包包這種商品，也有不少愛用的公事包，近兩年才改為空手風格。契機則是某天忽然對公事包裡的大量物品湧起突兀感，覺得自己搞不好只是基於惰性，天天把用不到的東西擺在裡面。

喜歡整理的天性這時又蠢蠢欲動，對於公事包裡的大量物品，數位相機、iPod、筆記本、名片夾……等等，我一個一個自問是否真的需要。

例如小型數位相機，我問自己一個月究竟在外面使用幾次，結果不過一、兩次而已。既然如此，不如需要進行正式拍照時再帶單眼相機，至於單純記錄，直接用行動電話的拍照功能不就夠了嗎？於是我嘗試出門不帶相機，最後也完全沒遇上任何困擾。

接著繼續檢視。iPod感覺上似乎非帶不可，其實幾乎沒什麼時間聆聽。從四千首歌曲挑選特定曲目的那種樂趣，留待旅行時再享受就好。於是我決定改用iPod shuffle。可以聽音樂就屬通勤時間，從我家到工作室步行約莫十五分鐘，不必外出開會、可以慢慢走到工作室的日子，就輸入剛買的ＣＤ，放在口袋隨身攜帶。正如我所預料，平常這樣就綽綽有餘了。

然後是名片夾，我也決定不帶它了。至於解決的方法，則是在外出洽商等需要名片的場合，將需要的張數放在口袋隨身攜帶即可。天天放在口袋不免會折損，可是我只在需要時攜帶，完全無須擔心這個問題。收到的名片如果放進名片夾，很容易忘記整理；改成放在口袋的話，回公司後就不得不拿出來整理。

我以前是個非常謹慎的人，平常出門也會隨身攜帶藥品。可是，仔細一想，通勤中昏倒的情況非常罕見。所以，我就改成在公司辦公桌放置少量的感冒藥。即使在外面突然感到不適，直接到附近的藥局買就可以了。

我也不再隨身攜帶筆和筆記本。乍看之下似乎頗為不便，其實只要利用洽商時的紙張，再借枝筆就能記錄了。如果像是開會這類事前就知道需要書寫大量資料的情況自然另當別論，另外有時也得使用簡報資料或書籍，放在公司的公事包這時便能派上用場。總之，我純粹只是想要將平常通勤時的行李減至最少。

## 促進輕量化，行動電話的進化

如此這般，我成功減少了自己的隨身物品，但錢包仍是個大問題。我向來偏好長型錢包，不可能直接放進口袋。因此，我便徹底清查錢包內的物品。首先，較常使用的信用卡約莫兩張。信用卡很容易解決，問題在於會員卡，這類卡片不斷增加，累積數量十分可觀。可是，重新檢視之後，發現很多都是一年只用一次的卡片，有效期限又短，隨身攜帶也只是累贅。平常工作繁忙，幾乎不會一時興起前往店家，就連以前經常使用的唱片行會員卡，最近也因為改用網路購物而失去必要性。

既然如此，不如將卡片和長型錢包留在家中，決定去某間店購物的時候，再帶著該店的卡片。經過篩選之後，物品數量劇減，因此不再需要一個塞滿大量東西的大錢包，可以改用放置兩、三張卡片和紙鈔的卡片收納包。零錢則直接放在口袋，盡量先花零錢的話，體積就不會增加。

其中特別值得一提的好幫手則是行動電話。隨身物品能夠大幅減少，正是因為行動電話讓資料數位化所致。它等於是將行程管理、電子郵件、通訊簿集於一機的行動電腦。

例如我的行程都是由經紀人負責安排，臨時有變更的時候，就透過行動電話郵件通知所有員工，隨時共享最新狀態。寄至工作室電腦的電子郵件也利用Remote Mail服務自動轉寄至行動電話，不但可以即時檢查信件，亦能馬上回覆短文。因為有這種隨時保持現在進行式的系統，再也不用紙本式的行事曆了。

## 「空手」帶來出乎意料的解放感

以上就是我的公事包減量計畫。事實上，當初對於一次執行所有刪減也感到不安，總覺得會遇到某種問題。於是，我先利用一週的時間，試行幾天「空手日」。因為不曉得會發生什麼問題，內心忐忑不安，沒想到不但沒有任何困擾，我甚至有種終於解放的感覺。

這個結果出乎我的意料。雙手空出來之後，整個人變得無比輕鬆，心情也跟著飛揚起來，忽然很想到處走走，想要在街上散步，四處閒逛。我開始有興致欣賞周圍景色，這是以前扛著沉重的公事包時根本不可能有的想法，精神獲得充分解放。只要享受過一次這種感覺，甚至會對於自己沒有更早執行空手計畫感到懊惱。從此之後，空手就成為我的基本風格。

我個人是相當極端的例子。例如業務人員，由於職務不同，有時不可能像我這樣雙手空空。可是，一定能夠大幅減少公事包裡的隨身物品，絕大多數的情況應該都能減至原本的三分之一。問自己「是否真的需要該物品」，若是能讓行李和心情都變得更輕鬆愉快，各位不覺得有一試的價值嗎？

# 「捨棄」的勇氣將雕琢價值觀

## 捨棄是與「不安」的戰鬥

問自己「是否真的需要該物品」，就結果來看，等於是捨棄多餘之物。這個「捨棄」的動作並不容易，因為這是與自己內心的「不安」戰鬥。

不曉得會遇上什麼情況，所以保有大量物品就能讓人感到安心；反過來說，一旦必須捨棄物品，將湧起一股身無寸縷的恐懼。此外，對於曾經擁有過的東西，將陷入不忍割捨的情緒，難以決心拋棄。於是，捨棄的困難度就逐漸增加。

然而，這種不安真的其來有自嗎？若是外出旅遊，為了防止意外而攜帶許多物品是可以理解的。可是，平常上下班應該沒什麼不安才對，我想很少有人是在不曉得會發生什麼意外的驚險情況下通勤吧？

當然也會遇上某些特殊的日子。那麼，以下這種想法如何？首先列出絕對少不了的基本物品，以我個人來說，就是行動電話、住家鑰匙和卡片收納包。接著再根據當天需求增加攜帶物品，例如：今天要進行現場勘查，因此要帶數位相機；今天的下雨機率是百分之六十，因此要帶折傘等等。先將東西減至最少，其他雖然是一時間無法果斷割捨之物，也能這般靈活應對。

是故，建議各位每天一回家，就將公事包裡的物品全部擺在桌面。如此一來，就能確實清除用不到的DM或雜誌。我只要當天有帶公事包出門，回家就一定會取出裡面的東西，重新挑選隔天要帶的物品。

請一邊這樣養成分辨重要事物的習慣，並且偶爾大膽設定自己的空手日。天天空手上班或許不容易，請務必在沒有特殊事情的一般工作日嘗試看看。萬一遇上缺少某物會很傷腦筋的情況，再追加該項目即可。有道是百聞不如一見，與其想東想西，不如親自實行。這麼說或許有點誇張，我認為這個新鮮體驗是讓各位「找到全新自我」的絕佳機會，能夠親身體驗從整理所獲得的爽快感。

一旦確定哪些是多餘之物，就大膽捨棄。「捨棄」是整理術不可或缺的手法之一。儘管很困難，但只要跨越這道障礙，便能習得非常重要的技巧。若能消除不安、擁有捨棄的勇氣，就跨出了一大步。

**若要捨棄，必須設定優先排序**

話雖如此，假如一件一件分別考量，多半難以割捨。各位不妨按照以下順序進行整理。

1. **將物品一字排開**
2. **設定優先排序**
3. **捨棄無用之物**

若是套用第二章的圖表，則如八十一頁所示。

將物品一字排開之後的「設定優先排序」是最重要的部分，完成這個步驟，才能決定該捨棄的物品。

最重要的東西是什麼——要決定此事並不容易，即便如此，也請試著強迫自己下決定，試著認真、理智地思考。除了最重要的東西之外，也請對其他物品設定優先排序。對我而言，最重要的是住家鑰匙，因為沒有它就回不了家，生活也無法成立。或許有人會說鑰匙不見去住飯店就好，不過我就是不喜歡，我覺得家就像是基地，是能夠讓自己安心的地方。

其次是錢。有錢就能打電話、搭計程車等等，處理各種突發問題。

第三則是取代行事曆功能的行動電話。行動電話之所以不是第一，是因為家裡和公司都有備份。

優先排序將隨著每個人的價值觀而變化。這樣持續進行排序，隨著名次下降，重要性亦隨之滑落。到頭來，排名第十的物品，極端一點來說，有或沒有其實都一樣。因為是認真思考後的結論，設定完排序之後，就能確定自己對該物品的價值觀。

## 捨棄也是與「暫且」的戰鬥

至於排序的訣竅，就是徹底比較功能類似的物品，例如行動電話和數位相機的拍照功能。數位相機固然畫素較高，但說不上是天天要用的東西，有聚會的日子，隨身攜帶或許比較方便，不過平常只帶行動電話就綽綽有餘。這裡請各位特別注意，並不是因為功能強就一定需要，而是應該依「時間、地點、場合」考量其必要性。

一旦設定好優先排序，就很容易判斷是否該捨棄。那麼，捨棄與否的界線又該如何決定呢？關於公事包內的物品和辦公桌周圍等身旁空間的整理，不妨基於時間軸來思考——今天要用的東西、三天後要用的東西、一週後要用的東

●空間整理術可幫助學習「設定優先排序」

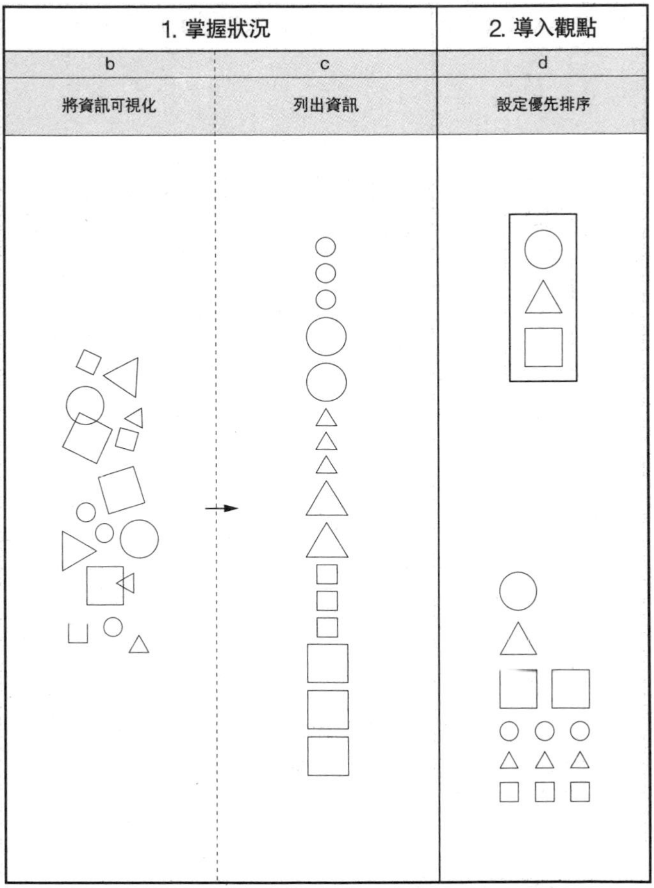

西……期限越短越好。

我們非常容易產生「暫且保留」這種想法。儘管不是立刻要用，可是將來可能需要，所以與其捨棄，不如暫且保留比較安心。這樣說服自己十分容易，然而，那個將來是不確定的遙遠未來。請試著逼問自己「『暫且』指的是到什麼時候為止？」事實上，那是完全無法預測的。換句話說，想要「暫且保留」的，多半是重要性較低的東西。

除此之外，如果將事物歸為「暫且保留」，就等於從整理對象中排除，只是每天帶來帶去，有時也只是在拖延最終判斷，將來勢必得再面對設定優先排序的問題，不但浪費時間，也降低正確性。就結果而言，將導致工作水平難以提升。

我前面說過捨棄是與「不安」的戰鬥，捨棄同時也是與「暫且」的戰鬥。比起不知何時才會用到的東西，重視當下絕對更有意義。鼓起勇氣捨棄，讓現狀變得清晰明確，更能保持大腦清醒。

# 創造最佳的辦公桌環境

## 一旦決定物品的固定位置，就變得容易掌握

接著來談談辦公桌。這個話題對於東西總是亂成一團的人或許有些沉重，首先請試著回歸最核心的前提。

「桌子是用來做什麼的場所？」

沒錯，正是工作的場所。既非用來放置物品，亦非倉庫。因此，桌面沒有任何東西基本上才是最理想的狀態。非擺在桌面不可的東西，大概就屬電話和電腦吧？其他頂多放置當下要用的物品，養成工作一結束就收拾乾淨的習慣。

如此一來，就能夠像壽司店的櫃台，隨時保持整齊清潔的狀態。猶如壽司師傅切好餡料、捏好壽司、送到饕客前面之後，就立刻擦拭櫃台的工作模式。

所以，必須決定每件物品的固定位置，並且銘記在心，例如第一層抽屜的前面擺筆，第二層放置最新案件的資料等等。一旦養成這種習慣，不但可以保持桌面整潔，亦能掌握所有物品的位置。

其次，東西過多導致無法放進固定位置時的對策也很重要。比方說筆筒擺不下的時候，如果將多餘的筆放進其他抽屜，東西只會繼續增加。因此，重點在於：不能讓物品侵入其他空間，必須將總量限制在固定位置的範圍內，一旦超量，就重新檢視、整理，隨時保持能夠收納於固定位置的分量。倘若用「敷衍了事」的態度放到其他地方，東西將如同水壩崩塌般一發不可收拾。請保持堅定的意志，萬萬不能讓物品分量超出固定位置。

## 舉棋不定時，請比較功能類似的物品

說到容易超出收納容量的東西，首先就屬文具類，例如筆。關於收納位置，假如辦公桌抽屜有放筆的拖盤，當然就是首選。由於必須盡可能確保作業場所的寬敞，我較不建議在桌面放置筆筒。抽屜的拖盤應該可以容納七、八枝筆，如果不是從事插畫一類的特殊職業，這個數量足以應付所需。

話雖如此，筆這種文具不知為何很容易增加。所以，就跟公事包一樣，必須進行更新（update）。不同於公事包，筆無須天天檢查，一個月一次即可。例如將每個月第一個星期一定為「更新日」，執行起來將更加確實。

進行整理時，請從拖盤取出所有筆，擺在桌面上。黑色原子筆五枝、自動鉛筆三枝……一旦發現種類相同的東西，就只保留其中一枝。常用的筆大概就是那幾枝，其他則請設定優先排序。「哪些筆是目前工作真的用得到的？」只要認真詢問自己，必定能將數量減少至個位數。

- Staedtler製圖自動鉛筆
- Mont Blanc藍色鋼筆
- Lamy紅色鋼筆
- Sharpie黑色麥克筆

以我的情況來說，平常用的大概就是這幾枝。至於它們的用途，Staedtler的自動鉛筆用於修正設計草稿，零點五的細筆芯非常適合細微修正。Mont Blanc的鋼筆則用於寫信、撰寫謝卡或簡短的訊息，正式場合非常好用。Lamy的紅色鋼筆用於大幅修改圖稿或草稿，滑順的手感非常舒適。改稿基本上不是一件愉快的作業，為了讓心情輕鬆一點，因此我選用這種鋼筆，而不是普通的紅色原子筆。Sharpie的黑色麥克筆則是隨手打初稿時不可或缺的工具，雖然用得很粗魯，不過因為是非常普通的筆種，價格低廉，隨時換新的也不會心痛。

這大概就是我的情況。如果各位不知該如何抉擇，請試著比較一下功能類似的物品。道理跟公事包的整理相同，例如：自動鉛筆和鉛筆，紅色簽字筆和紅色原子筆，思考自己比較喜歡哪一種，再進行「更新」即可。

## 文件或資料只保留最終版本

另一個麻煩則是文件和資料，這些東西比文具更容易增加。整理方式首先也是排除相同物品，保留一份。此外，企劃書這類會不斷更新的文件，則只保留最終版本。可能的話，最好將資料數位化。

不但要減少現在進行式的文件，舊案件的資料也要在結案後立刻整理，決定該捨棄或保留。即使決定保留，仍必須先輕量化。我也會保留過去的簡報資料，不過只保留最終結果的資料，中間過程的文件則一律丟棄。

如果文具和文件以外的其他物品也不斷增加，要是一個一個檢討則沒完沒了。總之，請先將所有東西擺在桌面上，再將需要的東西收進桌子裡。請假設自己剛買新桌子，正開始準備新的用品。絕對不能機械性地收拾眼前的東西，必須針對想要的物品設定優先排序。若能這般謹慎挑選，必能輕鬆減少物品數量。

假如捨不得一次扔掉順位較低、塞不進固定位置的東西，就先統統收進瓦楞紙箱。訂下一個月或一年的期限，到期限為止都沒再用過的就捨棄。根據我個人的經驗，使用的機率微乎其微。何止如此，沒多久就忘記箱子裡究竟裝了些什麼。到頭來，就等於是不需要的東西。

萬一這樣東西還是無法全數收進抽屜裡，請另行準備櫃子等收納家具，千萬不可堆在桌面。我的辦公桌沒有收納空間，而是在座位後方設置長型收納櫃。

## 櫃子的多餘空間可充當臨時避難所

我再詳細說明一下自己的辦公桌周圍吧。桌面只有蘋果的三十吋液晶螢幕、無線鍵盤、無線滑鼠、B&O的喇叭、電話，致力維護大型辦公桌的寬敞使用空間。

座椅後面的櫃子則是出自瑞士的著名辦公家具USM。我相當喜歡這套名為Haller System的模組家具，不但非常簡單好用，尺寸和面板都能自行搭配。我在正面全部加上了門板，外觀呈現清爽的箱形，完全看不見內部的密閉狀態。

這是考量視覺作用的決定。人類的精神極易受視覺左右，視野裡的雜物一多，注意力不免渙散。即使自以為可以同時做很多事，終究只能一次做一件事。因此，我徹底排除視野裡的雜物，好讓自己專注於單一事項。

打開櫃子門板，內部物品一目瞭然。每個空間裡再設置抽屜箱，詳細設定物品的固定位置，並且按照前面所述，使用後一定物歸原位。

此外，我也規畫了一個例外的自由空間，換言之就是「臨時避難所」。前面提及整理是與「暫且」的戰鬥，這裡的意思則稍有不同。指的不是已經有了分類的位置，只是捨不得丟棄才擱置，而是讓一時不知該如何分類的東西暫時避難。例如跟工作沒有密切關係的樣本或雜誌，這些東西並非長期收納，充其量只是「暫且」的處置。短則兩、三天，長則一週，視情況丟棄，或是決定其固定位置後就取出，不會發生超量的問題。

因為工作繁忙，許多時候都沒辦法一一判斷，這時有自由空間就十分方便。既然不會因為不知該如何分類而堆在桌面，就能維持視野的清爽。因此，建議各位的收納空間不要塞得太滿，利用多餘空間設置一個避難場所。這個道理就像電腦的硬碟也是要有一點空間，處理的速度才不會變慢。

## 名片的整理分類方法

名片也是會不斷增加的麻煩物，一旦疏於整理，需要的時候就得浪費許多時間找尋。

名片的分類方式很多，不知各位是如何歸檔的呢？我試過許多方法，最近開始採用依案件進行分類的方式。這是因為「Samurai」的工作是以案件為單位進行，經常處於數十個案件同時進行的狀態，工作室的員工亦分別負責不同的案件。

所以，我們便依案件製作檔案，並由該負責人保管，將保存相關人員名片的資料袋連同資料收進二孔檔案夾。不是由我和負責人分別保管，而是將單一案件統一成一份檔案。因為辦公室裡有固定的擺放位置，無須各自擁有一份，找檔案也很容易。

案件結束後，挑出用得上的名片交給經紀人，經紀人再依業種別輸入電腦，將資料數位化。透過這道手續，就能達成高效率的整理。

話雖如此，這只是對「Samurai」來說的最佳方法，根據不同的行業，分類方法還有很多。因此，請好好思考「對我的工作而言，哪一種整理方法最好？」另外，例如把常用的聯絡人放在旋轉式名片盒裡，不常用的則放在活頁式名片簿等，若能一併區分收納場所，或許會更加好用。

按照適合自己的方式分類之後，定期更新也是不可或缺的工作。假如對於丟掉名片會產生抗拒感，雖然有些麻煩，解決方式跟辦公桌的整理一樣。例如挑出超過一年沒有來往的名片，放進一個臨時檔案夾，進行階段性的整理。

# 虛擬空間也是簡單至上

## 檔案的命名最為重要

辦公室空間該整理的不僅限於真實物品，電腦虛擬空間的整頓也教人頗為頭疼。

「一不注意，桌面就被各種圖示占滿了。」

「我就是找不到重要的檔案。」

「我總覺得檔案的樹狀結構變得很不協調。」

這些問題都跟真實空間一樣，可說是由於疏於整理，才會導致桌面上的物品堆積如山。

「總之，要簡化整理系統！」

關於虛擬空間，這句話道盡一切。無須任何特殊技巧，因為純粹只是檔案管理，就算麻煩，也請確實身體力行。

檔案整理術最重要的就是檔案夾和檔案的命名方式。各位或許會感到詫異，可是如果隨便命名，事後免不了要吃苦頭。

例如我的電腦裡有許多關於UNIQLO案件的影像檔，最早的檔案名稱取為「UNIQLO_001」。如果命名為「UNIQLO_01」的話，若是檔案超過一百個的時候就會很傷腦筋，將發生排序混亂的問題。基於檔案只會增加、不會減少的前提，重點便是盡量採用泛用性較高的命名方式。

另一個重點則是標示的統一。假設現在要新增一個名為「簡報」的檔案，是要使用英文？還是片假名？是半形？還是全形？只要事先訂下規則，搜尋起來就很輕鬆。這點可以等出現複數檔案夾時再重新檢視。例如關於DoCoMo

的工作，若是要在702系列之後新增Kids行動電話的檔案夾，「702iD_DoCoMo」和「ドコモ_Kids」就顯得很雜亂。最好重新檢視文字種類和書寫順序，加以統一。如果改為「DoCoMo_702iD」和「DoCoMo_kids」，不但關鍵字統一，也更容易搜尋。最近亦有販售可以批次修改檔案夾名稱的軟體，不失為一個好方法。

這個過程是不斷嘗試錯誤，進行修正。我也是花了許多年不斷「更新」，每次覺得「失敗了！」就進行修正。不過，能夠確實感受到越來越好用，是一件非常有趣的事。即使遭受慘痛的失敗，也能成為一個教訓，並應用於真實空間的整理術，絕對不是浪費時間。

檔案夾的數量也必須納入考量。每一層大約儲存五至八個檔案夾，最多不可超過十個。一旦超過個位數，管理起來就難以維持周全。以前跟我一起工作的顧問曾經說道：「一個組織的管理，部下最佳數量約莫三至八人，一旦超過該數，就心有餘而力不足。」我想，檔案夾的數量亦是如此。

## 電腦內也要規畫自由空間

除了檔案之外，郵件的整理也不容小覷。關於郵件，我也會依案件製作檔案夾，加以分類，各位不妨按照自己的工作形態進行分類。關鍵在於每次檢查完新郵件之後，就要立刻處理，以我而言，每天一定要將收件夾的郵件數歸零才回家。

這也是與「暫且」的戰鬥。一旦置之不理，數量將一發不可收拾，所以即便覺得麻煩，仍要當下進行處理——分類、刪除、回覆。需要特別思考的信件當然是例外，不過大多數的郵件瞬間就能進行判斷。像這樣細微的處理作業也能成為整理術的經驗值。

前面舉了一些虛擬空間和真實空間在整理方面的共通點，此外，兩者還有一個相同的重點——電腦內也要規畫避難場所的自由空間，集中無法分類的檔

●泛用性高的檔案命名法

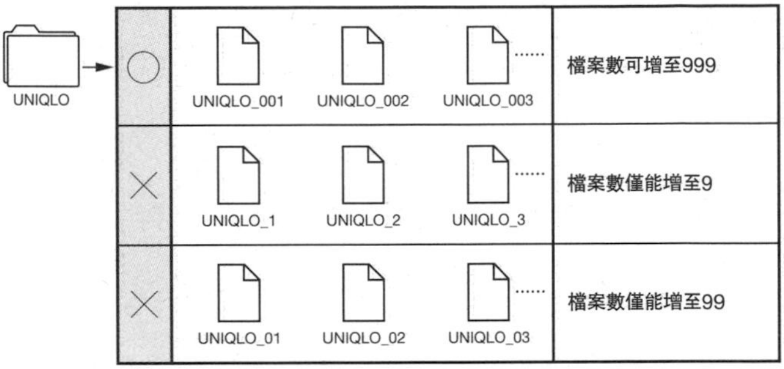


●統一標示，提升工作效率

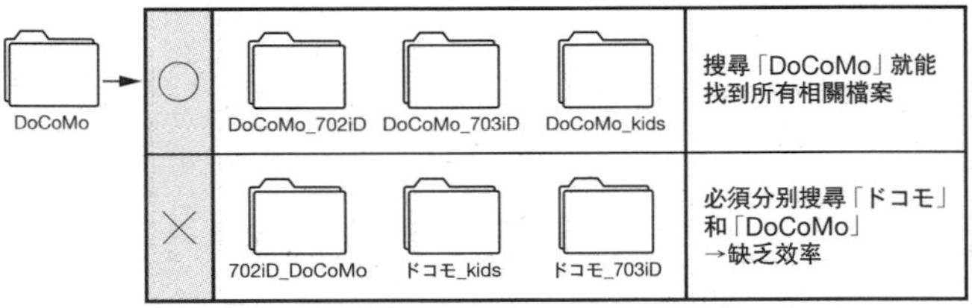


●電腦內也要規畫自由空間

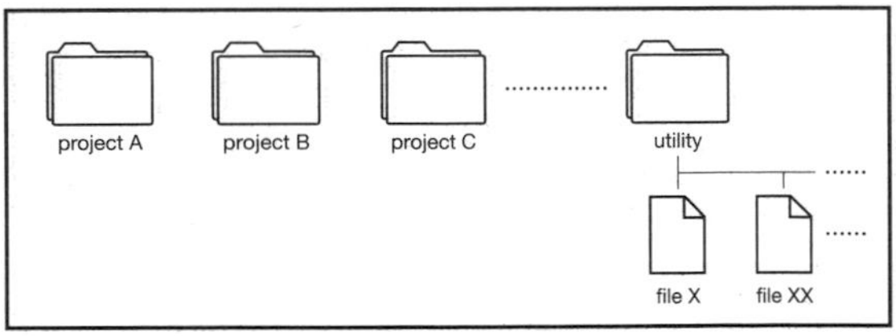

案。我的電腦內有一個名為「samurai utility」的檔案夾，裡面放置員工名單、地圖等非設計工作的檔案。將無法分類的資料集中管理，桌面就顯得特別乾淨。

關於這類虛擬空間的整理，我總是不厭其煩地叮嚀員工：「每個星期一早上要整理Mac電腦裡的檔案，就算早上不工作也沒關係，一定要整理到自己滿意為止。」

這個道理跟空間整理相同，不是因為忙碌而疏於整理，是為了提升工作效率而主動整理。如果每週的一開始都能回歸清爽狀態，那麼到週末為止的整個禮拜都將非常順暢。只要系統保養得當，應用軟體自然運作無礙。請以這種靈活的想法，務必試著定期整理。

或許有不少人會覺得「定期」是很麻煩、累人的事，為此，不妨設定一些特定時程。不光是電腦，還有公事包、名片、辦公桌等，必須更新的物品很多，統統等到年終大掃除時再一起檢視的話，理所當然會覺得很麻煩。舉例來說，可以選在新年度開始的四月一日、黃金週假期、暑假、換季時期……等等，甚至是生日或結婚紀念日等個人紀念日，如此一來也能成為轉換心情的契機。人類若是缺乏理由，就很難採取行動，事先訂下這類重振精神的日子，就比較容易順利進行。

## 利用「框架」提升辦公環境的舒適度

### 援用虛擬空間的辦公室空間整理術

集前面說明之大成，最後來介紹我的辦公室空間整理術。我們已經說明了公事包、辦公桌等個人空間，至於辦公室整體的公共空間該如何整理呢？

若要舉例的話，就像是一個電腦伺服器，以檔案夾形式管理所有物品。簡單來說，在工作空間一隅設置大型儲物架當儲藏室，並在櫃子上擺放相同款式的箱子，物品依案件整理，再分別收於箱內。正如硬碟上並排的檔案，真實空間的硬碟（儲物架）擺放大量檔案（箱子）的景象十分壯觀。

這個整理法正是我從網路上獲得的靈感。網路將各種不同形式的資訊統一成相同格式，透過數位化，將文字、影像、音樂視為相同的資訊，並能輕鬆瀏覽。「這真是太棒了！」我於是靈光一閃，倘若學習網路上的「數位化」規格，製作「相同種類的箱子化」這種統一規格，或許就能整理得一目瞭然。

所以，這些箱子裡面其實放了各種不同規格的物品。

- 已完成的工作
- 進行中的工作
- ETC
- 個人作品集
- 畫材
- 避難用品

我大概是這樣分類。「已完成的工作」是指案件的成品，「進行中的工作」則是執行中的案件的各種相關物品。將樣品或原案等難以整理的東西集中放置，等結案後再進行整理，該保存的就放進「已完成」。萬一還沒結案就已經放不下的話，就要如前述那般進行「更新」手續。

「已完成」和「進行中」區分為不同硬碟（儲物架），再依案件整理成不同檔案夾（箱子），排列成易於搜尋的狀態。這種風格也很像電腦。案件裡難以歸類的物品則放進「ETC」的箱子裡。

由於案件會隨時間增加，當儲物架放不下的時候，就隨時移至大樓的其他樓層或其他地點。例如數年前的成品，儘管平時用不到，但也不能丟掉。所以，就這樣隨時重新設定優先排序，身邊只擺放較常使用的東西。

## 一旦決定「外框」，就能掌握整體印象

我之所以會想出這個系統，乃是基於「辦公室的資訊共享化」這個觀點，契機則是出於「想要建立所有員工可以共享相同物品的架構」。如果一個案件有

三位員工負責，與其建立三份資料，不如決定一個固定擺放的位置，這樣不但分量可以減為三分之一，也更容易掌握內容。就結果而言，就跟辦公桌的整理一樣，有助提升工作效率，並能迴避風險。

事實上，建立這套系統之後，不但空間變得極度清爽，每個人找東西也更加輕鬆，「資訊共享化」的效果其大無比。順道一提，我目前使用的箱子是透過郵購所買的便宜白色瓦楞紙箱。直接用麥克筆在紙箱的標題欄書寫「UNIQLO Soho N.Y. Shopping Bag」等，所有員工只要憑標題，就能判斷裡面裝了什麼東西。因為是紙箱，壞了就直接汰換，不必特地印刷標題。照理來說，工作資料、作品集和避難用品是完全不同種類的物品，可是透過統一規格，就能簡單明瞭地分類，視覺上也顯得清爽美觀。

儲物架和箱子的尺寸配合得剛剛好也是視覺美觀的理由之一。一個模組可收納橫三、直五，共計十五個箱子，沒有一絲多餘空隙，因為儲物架是配合箱子的尺寸所設計的。我想徹底實現電腦伺服器的整齊風格，對這點非常講究。

比較特別的是，辦公室裡另外還有一些原創設計，例如：海報尺寸的紙張收納筒、簡報用紙的收納箱等等。特別設計的理由是紙張很脆弱，不易管理，如果隨便亂放，邊緣就會起毛受損。

雖然不可能什麼都自行設計，不過以下是我想強調的觀念：

「空間整理術只要決定好外框形狀，成為某種套件，就很容易掌控。」

世上許多東西就是因為沒有決定外框，才不容易處理。尺寸、形狀、硬度……所有條件都不相同，當然很難整理。只要先設定出箱子這個外框，猶如檔案夾一般收納物品，外觀就會非常清爽。就算箱子裡有點雜亂也無妨，無須費神整理內部，只要大略分類，就能掌握整體印象。

我的辦公室雖然乍看之下空無一物，其實東西頗多，就算經過整理減量，分量仍舊十分可觀。不過，一旦讓物品從視線裡消失，就能達到工作環境舒適化的驚人效果。透過統一箱子的規格，不止是箱子內的東西，就連箱子的存在感都一併消失，有助集中注意力。這是視覺效果所引起的精神效果。此外，一旦物品從視線裡消失，就能感受到真正重要的事物，諸如檔案盒、抽屜箱，有許多很容易取得的工具。請各位務必利用外框技巧，創造清爽的辦公環境。

# 親身學習辨別重要事物

前面舉了許多實例，最後再整理本章所強調的「空間」整理術的要點。

1. 前提是確立「透過營造清爽空間，提升工作效率、迴避風險」的積極目標。
2. 整理是一場與自身「不安」和「暫且」心態的戰鬥。若想打贏這場硬仗，必須有「捨棄」的勇氣。為了決定捨棄的物品，勢必得先設定優先排序。嚴密地自問自答，再依時間軸區隔、丟棄排名較低的物品。
3. 若要避免辛苦整理好的東西再度增加，必須定期重新檢視（更新）。電子郵件這類一旦置之不理就會暴增的東西，一定要當場處理。
4. 為了讓眼前的工作環境更清爽，物品要放在固定位置，用完立刻歸

**位。不妨設置一個充當避難場所的「自由空間」，安置無法立刻整理的東西。**

**5. 透過決定外框、統一規格，讓分類更加簡單明瞭。如此不但可將不同種類的東西收拾乾淨，而且是容易掌握的簡約系統。**

以上就是大致的重點。經過這番重新回顧之後，各位是否能夠感受到如同第二章所說的：空間整理是親身體會如何辨別重要事物的實踐篇。若能踏實累積設定優先排序的經驗，下一階段的「資訊」整理術保證可以順暢吸收。

# 4章　第二階段：「資訊」整理術——導入獨特觀點

## 對資訊提出觀點，窮究問題本質

各位還記得自己從今天早上起床到現在看過哪些廣告嗎？

「我好像沒看到任何廣告……」不不不，沒這回事。就算你現在才剛抵達公司，如此短暫的期間裡也一定接觸了大量廣告，諸如：電視廣告、報紙、電車、路上……應該有數十、數百的廣告從眼前流逝。

其中有讓你立刻就能想起來的廣告嗎？對於這個問題，我猜幾乎所有人都毫無記憶。即便記得演員長相，也不記得那是什麼廣告；或是記得商品，卻忘了廣告訴求等等。每次我問客戶這個問題，大家一時間都不知該如何回答。

「根本沒有人在看廣告。」

這是我進入公司之後沒多久的切身感受。會議上各種艱澀用語交錯紛飛，關於商品訴求和手法的討論分外熱絡，卻幾乎不曾觸及最根本的問題。一旦過度熱衷於眼前的工作，不免忘記要退一步思索：「廣告真的是大家都有興趣的東西嗎？」我相信有非常多的廣告在製作時就已忽略了這個大前提。

發送廣告者有許多想要傳遞的訊息，很容易誤以為大眾當然也會有興趣；然而，接收廣告者一點都不在意發送廣告者的想法，因為日常生活中有太多事情和問題等著他們處理。人們在內心設下柵欄，無意識地隔絕外界資訊。所以，若不徹底整理想要傳達的訊息，思考出有條有理、技巧高明的傳達方式，就無法攻破接收者內心的柵欄，潛入其中。

「想吸引對方回眸的話，製作驚世駭俗的廣告不就得了？」

或許也有人這麼認為。可是，如果只是驚世駭俗，終究只能獲得瞬間的注目，無法深入對方內心。舉例來說，就像小孩子躲在陰影裡「哇！」地一聲跳出來嚇唬人，被嚇的人可能會生氣，也可能置之不理。如果不能得到對方的認同，或是勾起對方的興趣，就無法真正攫住對方的心。因此，必須先確定自己要表達的內容，再思考該以何種風格傳達。

這不僅限於廣告，傳達是一件非常困難的事。舉凡製作企劃書、進行簡報或演講等商業場合，傳達的精確度會受到資訊整理的方式影響。此時最重要的就是揭示自己的觀點，條理分明地解說。必須徹底找出重要資訊，釐清資訊間的因果關係，才能看見該走的方向。總之，資訊整理乃是藉由導入觀點、窮究問題本質，以達成真正解決問題的目標。

比起文件或文具這類「物品」，文字和影像等的「資訊」較欠缺實體感，給人不易處理的印象。可是，只要善加運用「空間」整理術所學到的掌握狀況手法，處理起來必定順暢無礙。

正如第二章所述，本章「資訊」整理術將介紹「導入觀點」的技巧。若以整理術圖表解說，則如一一三頁所示。

●資訊整理術可幫助學習「導入觀點」

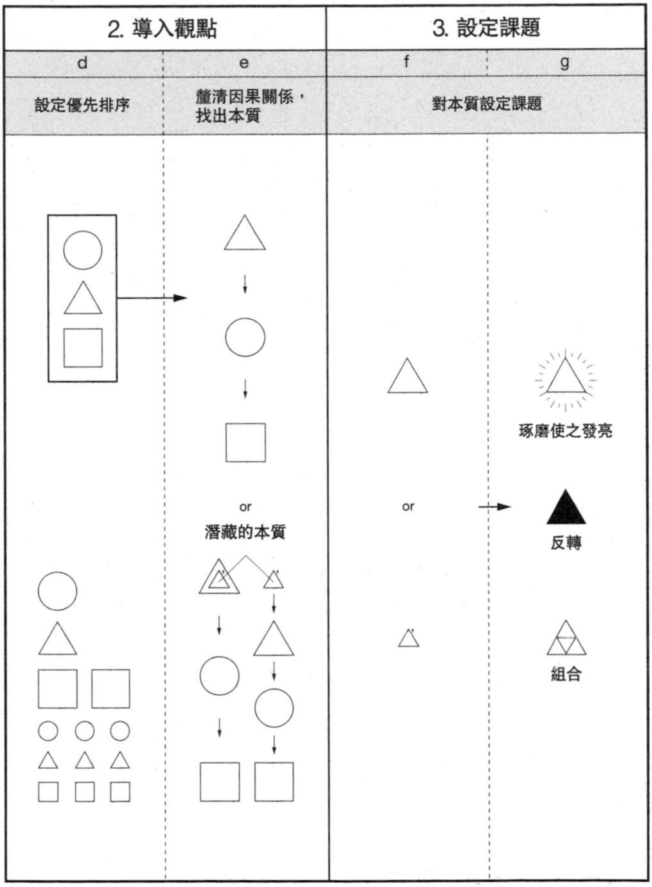

## 導入觀點的最終目標是導出遠景

### 在對方心中建構形象

找出重要資訊，根據目標來釐清資訊之間的因果關係——對於這個作業，以下是我的看法。

我經常接觸有關企業形象的案件，我認為重點是「在對方心中建立品牌形象」。換言之，要讓消費者一聽見品牌名稱，就浮現立體且複合的形象。例如LV，結合字母印花、旅行、設計師馬克・雅各布斯（Marc Jacobs）、高級感等複數要素，建構出一個極深度的形象。「傳統」與「革新」這兩個截然不同的元素並存不悖，成為令人嚮往、意境深邃的品牌。

讓我借用具體的建築來解說吧。所謂的建築，概略而言就是由樑、柱等結構體，加上壁紙、磁磚和地材等裝潢所組成。建築的結構體就等於將材料（＝資訊）整理組成的骨架，而裝潢則是由骨架延伸出來的藝術表現（＝設計）。興建房子時，要是裝潢前沒有先打骨架，就無法創造明確的形象，徒留令人一頭霧水的印象。

缺乏震撼力的廣告，多半只是將建築材料一字排開，卻未加以組合；有些則是結構脆弱，隨時都可能傾倒，然而，若將原因全數歸咎於組合不當，又並不全然正確。

替客戶進行問診，換言之就是聆聽現狀、收集資訊的階段，有時無法接觸樑、柱這類重要結構體，僅能瞭解細部零件。更麻煩的是，有些案件甚至連零件都無從得知。這是指「我想蓋房子，可是不知道該怎麼做才好」——客戶頭腦一片混亂的狀態。面對這種情況，就得重新仔細問診，一點一滴地匯集材料。

另一方面，也有一開始就自行組好基本架構的客戶。這種客戶具有明確意志，能夠自行打造某種程度的形象，這時就能輕鬆愉快地進入裝潢階段。可惜這種例子少之又少。

所以，一般而言，最大的難關就是如何處理、組合轟隆一聲同時湧現的資訊。既然如此，究竟該如何組合才好呢？

## 找出理想的「遠景」

要建造一棟堅固的房子，最重要的就是「遠景」。遠景指的是客戶真正想要達成的目標，是潛藏於客戶內心的祕密，可稱為「應有面貌」；換句話說，即是發揮最佳表現的理想狀態，是一旦排除當前問題就能抵達的終點。就像匯集天候、氣溫、路面狀況、駕駛技術等各種條件之後，跑車所能發揮的最高極限。遠景可說是目標課題已經解決的狀態，也可說是第二章所述「要征服的山」的頂峰。

除了客戶本身的意志之外，這個「應有面貌」有時還包括來自社會的期盼。例如對環保的關心，或是奉獻社會的態度等，公司規模越大，這種社會責任也越重。

要達成遠景不是不可能，卻也得付出相當的努力。作為品牌形象的一環，對社會明確揭示遠景，而客戶亦致力朝該遠景邁進，便可稱為理想狀態。至於要如何找出這個「應有面貌」，方法之一就是整理術。

## 一旦確定觀點，就能看見遠景

尋找遠景不可欠缺的便是「導入觀點」。整理資訊的時候，根據不同的切入點，結果也迥然相異。例如容積相同的建築，根據不同的角度，可能是平房，也可能是樓房；是往水平方向伸展，還是朝垂直方向增高，形狀和印象都有霄壤之別。因此，必須先確定觀點，才能正確導出客戶的「應有面貌」。至於最佳結果，則是達成最具震撼力的傳達方式。

我在「空間」整理術一章說過，設定優先排序就能找到真正重要的事物。而這個優先排序，若缺乏觀點便無從決定。就空間的情況而言，乃是基於「使用頻率如何」、「是否立刻需要」等時間軸的觀點進行排序；至於資訊，因為不易憑身體感覺判斷，更需要明確的觀點。然而由於這個觀點不易發掘，所以資訊整理相對困難。

如果將導入觀點想成網路搜尋引擎，或許就很容易理解。要從龐大的資料庫找出所需資料，必須輸入關鍵字，這個關鍵字就是一個觀點。諸如：關鍵字的選擇手法、複數關鍵字的排序方式等，根據搜尋技巧不同，資訊取得的難易度亦隨之變化。換句話說，被稱為「Google專家」的那些人，也可以說是「導入觀點的高手」。

「iTunes」也是一個很好的例子。依照演出者、專輯、類型等不同觀點，就能從儲藏大量歌曲的「iTunes Music Store」找出特定歌曲。每次切換觀點，歌曲排序也跟著變化。

所以，網路是學習導入觀點的最佳工具。我自己也從網路上學到許多包括發掘、導入觀點的整理技巧。

話雖如此，為了迅速找到有助看見遠景的敏銳觀點，平常就得不斷練習如何分辨重要的事物。以下我將介紹一些對於確定觀點大有助益的思考法。

# 如何尋找個人觀點

## 探索本質的重點是退一步觀察

本章開頭提到「根本沒有人在看廣告」的個人感觸，其實這句話裡暗藏尋找觀點的提示。

一旦深入廣告業界，視野不免容易往小細節鑽，導致無法客觀檢視自我。於是，很容易忘記要退一步重新思考：「廣告理當受人關注的想法是否有誤？」而這件事也讓我瞭解「唯有站在客觀立場，才能察覺是否有本質上的問題」。

探索本質乍看像要深入事物，其實卻是不斷遠離。唯有客觀檢視，才能發現過去忽略的真實與重要關鍵。

腦科學家茂木健一郎先生的著作《「腦」整理法》一書中，提到「Detachment」

（超然）這個字眼，這就猶如站在「神的觀點」瞰視所有事物。該書認為這種猶如神一般的達觀視野，乃是身為科學家不可欠缺的基本態度，我讀了之後不禁點頭如搗蒜。相同的道理，我認為「資訊」整理也該如此。

再舉一個不同範疇的例子。現代美術首次在美術界出現時的狀況，我覺得也有異曲同工的味道。長久以來，美術一直被視為應該限制於畫框內的表現，大家的競爭內容就是要在畫布上畫什麼。然而，現代美術的出現，顛覆了原先的所有概念。「如果認同畫框外側也是作品的一部分，那麼畫布完全留白又何妨？」基於這種想法，極力縮減構成要素的極簡藝術、將放置展示品或裝置的整個空間都視為作品的裝置藝術接連興起。

畫框外側，換言之包括展示現場都是作品的這種嶄新概念，正是將視野向後拉開才能產生的想法。脫離舊藝術，重新檢視，反而更接近藝術的本質。

我的工作也有不少案件是先退一步思考，才終於發現正確觀點，麒麟極生發泡酒就是其中一例。當時，面對過多的資訊感到困惑，便試著客觀思索「話說回來，發泡酒到底是什麼？」終於找到強調發泡酒獨特地位的觀點。

陷入低潮的時候、思緒打結的時候，這個「退一步觀察」的步驟將是能讓我們察覺事物的重要關鍵。

## 拋開自以為是，視野更加開闊

如果想要找到有助看見遠景的明確觀點，除了從正面檢視之外，還必須從各種不同的角度觀察，不過做起來並不簡單。

請從「拋開自以為是」開始做起。個人主張太過強烈的話，將逐漸偏離案件原本的遠景。假如因為對方給的資訊不足就妄自揣測，恐怕會造成極不協調、有欠統一的形象。唯有站在對方的立場，致力從對方的現有材料裡將魅力發揮至最大極限，才能解決客戶的課題。

話雖如此，突然間要捨棄自我，站在對方的立場，確實有其難度。畢竟有許多商業上的羈絆及權力鬥爭，無論如何都很難隔絕雜念。因此，請先試著站在第三者的立場，例如鄰居的老婆婆、學生時代的同學，假裝自己是跟該工作毫不相干的第三者，試著思索客戶的案件。從退一步的立場客觀檢視狀況，便能冷靜下來，最後就可以順利站上對方的立場。

此外，「極端思考」也是拋開自以為是的一種途徑。如果沒有試著站在堪稱魯莽的極端立場，就很難捨棄自我。所以，只要有「話說回來，這個案件真的有其必要嗎？」這種不顧一切的心情，就能掙脫枷鎖，讓視野更寬廣。

面對麒麟極生發泡酒的案件時，我也曾嘗試思索：「話說回來，放棄正規廣告活動也無所謂吧？」最後完全放棄電視廣告，以包裝設計為主軸，專打報紙、室外廣告等平面媒體，反而讓消費者留下鮮明的印象。

第一步要先拋開自以為是，接著再從各種角度檢視資訊。若能試著改變觀點，將有意想不到的發現。

## 轉換觀點終於導出：明治學院大學的遠景

### 改變想法，缺點也能變優點

接下來介紹的品牌形象案件，是我三年前開始參與的明治學院大學。擔任非企業體系而是教育機構的藝術指導，是非常新鮮的經驗。考量今後少子化現象加速、學校供過於求的窘況，現今的教育機構必須積極對社會發送訊息。

明治學院大學的大塩武校長，正是具有這種危機意識的人士，想要改善比起早稻田或慶應這類名校，社會認知度低、欠缺獨特魅力的現狀。除了學力之外，如果無法憑理念或個性吸引莘莘學子，今後的大學將難以生存。因此，校長重新翻出該校創設者詹姆斯・柯蒂斯・赫本（James Curtis Hepburn）博士的座右銘「Do for Others」，親自進行概念設計，揭示該校的基本教育理念。

這是客戶主動搭蓋建築骨架——基礎結構——的罕見案例。

我接著開始搜集資訊，好讓基礎更穩固，並找出該校的「應有面貌」。因為希望直接掌握校風，所以我除了訪問校長之外，更在校園大量聆聽學生的聲音。為了聆聽肆無忌憚的意見，我直言不諱地問：「你老實說說看明治的優點和缺點。」

以下是我所得到的答覆：

**缺點**

- **保守**
- **缺乏震撼力**
- **不夠強硬**
- **欠缺存在感**

**優點**

**・謹慎**

**・有氣質**

**・文雅**

**・不盲目追求流行**

這些就是學生的共通意見。乍看之下似乎很難找出強而有力的觀點，可是，仔細比較正面和負面的要素之後，我忽然發現——這些印象不都是從不同角度來描述相同的事情嗎？例如「保守」，說得好聽一點，就是「謹慎」；「不夠強硬」，反過來看，也可說是「文雅」；「欠缺存在感」，則可說是「不盲目追求流行、不搶風頭，具有不隨波逐流的堅強」。

如此這般，一旦將觀點從負面轉為正面，目標就驟然清晰浮現。雖然現階段社會上的負面印象多於正面，可是只須直接將其轉為正面印象、技巧性地強調即可。換言之，不是「保守、欠缺存在感」，而是應該明確打出「謹慎而堅強」這種討喜的校風。這種訴求跟昔日的教育理念「Do for Others」也不謀而合。

### 以識別標誌表現遠景精髓

如此導出的遠景就是「謹慎，但擁有充滿奉獻精神的堅強」。為了一眼傳達出這種感覺，我設計了一款純黃底色，搭配大寫字母M和G的識別標誌。

選擇黃色當學校代表色，是因為紅色或藍色的主張過於強烈。黃色是亮色系，放在白底上由於對比不夠，並不是很顯眼，但就單色來看，則是極富震撼力的色彩。要表現謹慎但不失個人風格的校風，我覺得黃色是最佳選擇。標誌所使用的字體，一方面具有知性、正統、品味，同時亦不失時尚氛圍，替傳統的奉獻精神增添一股現代風。

「我總覺得本校從以前就是這個標誌。」

# 明治学院大学

MEIJI GAKUIN UNIVERSITY

MEIJI GAKUIN UNIVERSITY
1-2-37 Shirokanedai, Minato-ku, Tokyo 108-8636, JAPAN
1518 Kamikurata-cho, Totsuka-ku, Yokohama 244-8539, JAPAN
http://www.meijigakuin.ac.jp

簡報時聽見有人這麼說，我非常開心。對方能夠馬上認同，也是因為我並未加入自我主張這種觀點，而是從對方內心找出這個遠景。

識別標誌的設計和學校代表色的選擇，若以建築比喻的話，就像是設定完遠景、組合好骨架之後的裝潢階段。如果只是單純整理資訊、加以組合，空有一座骨架，算不上是舒適的環境，整理完畢後還得仔細裝潢。為了讓居住者感受新家的舒適，進而產生喜愛的情緒，要採用成效最顯著的表現方式。

所謂的表現，舉例來說就像是湯——從大量資訊中抽出魅力，熬煮成美味（魅力）精華。「謹慎、堅強，並且充滿奉獻精神……」這種用文字描述不免又臭又長、不易傳達的內容，完全濃縮在識別標誌裡。

識別標誌能夠設計成功，也是由於找到了傲人的遠景。正因為採取轉換觀點這種靈活的應對方式，才能發現這個遠景。

藝術指導的工作絕非捏造虛假形象，而是從對象本質導出靈感──透過明治學院大學的例子，相信各位又更加瞭解此一事實。

## 宛如解讀暗號般組成：國立新美術館標誌

### 濛昧不清的狀況難以找出強力觀點

最後要介紹的案件是我在二〇〇六年負責的國立新美術館標誌設計，這是大量運用「資訊」整理術的實例。

二〇〇七年一月開幕的國立新美術館，是日本第五間國立美術館，想不到數量這麼少，這居然是繼東京國立近代美術館、京都國立近代美術館、國立西洋美術館、國立國際美術館，相隔三十年才成立的國立美術館。這間新美術館開幕前，以指名比稿的方式委託我設計識別標誌。

雖然基於明確觀點整理資訊，找出遠景，組合結構，再進行設計……過程跟平時一樣，然而進展非常不順，因為一直找不到最關鍵的觀點。

設計識別標誌時，我搜集到的資訊如下：

- 日本第五間，相隔三十年才成立的國立美術館。
- 擁有一萬四千平方公尺，號稱日本國內最大的展示空間。
- 沒有收藏品的美術館。
- 活用寬敞的展示空間，舉行公募展、自主企劃展，跟報社或其他美術館的共同展覽。
- 搜集、公開各種美術資料，積極舉辦演講及講習會，發揮藝術中心的功能。
- 建築正面宛如海浪般的特殊造型乃是由黑川紀章先生設計。
- 座落於東京中心，六本木新興區的市中心。

老實說，其中也有讓我感到頭疼的部分，因為這些資訊也產生不少問題點。

首先，這間美術館的性質很特殊。展示收藏品是過去美術館的常識，可是它不但沒有收藏品，還發揮藝術中心的功能，這就教一般人很難理解。除此之外，「國立新美術館」這個名稱，只傳達出「新」這個事實，總覺得有點像是暫定的名稱。更有甚者，儘管活動內容豐富，但若問它是怎麼樣的美術館，似乎缺乏突出的特徵。要從這種濛昧不清的狀況找出強力觀點委實困難。

客戶也感受到這些不安，他們告訴我：「畢竟這是全新嘗試，要讓大眾理解或許很困難，所以我們希望能對世人發送強力訊息。」另外，關於識別標誌的條件，他們則要求使用國立新美術館（National Art Center, Tokyo）的字首「NACT」製作。

## 以「全新」的觀點將一切轉為優勢

那麼，該怎麼辦才好呢？我不斷反覆閱讀資料，還是感到迷惑。正常步驟

是先整理資訊、發現課題，再將它們化為有形之物，這次則罕見地邊想邊做，將對方要求的「NACT」概念設計成各種圖案。然而，一直做不出「就是這個！」的設計。這恐怕是因為它不像麒麟極生發泡酒是有競爭對象的案件，所處情況也不是那麼急迫，因而難以找出問題意識。識別標誌是跟社會溝通的重要圖案，可是，在不確定要向社會強調什麼的階段，即便設計出帥氣的造型，也不知該採用什麼基準。面對這種沒有明確觀點的狀況，就算製作大量「NACT」標誌，結果當然欠缺了決定性要素。

話說回來，字首不過只是字母罷了。紐約近代美術館（Museum Of Modern Art）成功讓字首「MOMA」變成新單字，創造出一個強烈記號。然而，最近許多機構開始流行使用毫無意義、由字首堆疊出來的簡稱，而那些簡稱都無法深植人心。本次案件要利用字首設計標誌絕對稱不上錯誤，可是，當我自問這是不是最佳方式，卻又頗感質疑，總覺得它並未表現出美術館的本質。

既然如此，不如暫且拋開「NACT」，重新思索。我重新閱讀資料，但終究找不到靈感。話雖如此，關鍵必然潛伏於對象內部，如果一時之間看不出來，就只好一邊整理、一邊尋找。

首先，除了從正面觀察之外，我也從各種不同角度重新檢視資訊。比方說，假如思路一直在「沒有收藏品」這個模式上面鑽牛角尖，就無法期待更多發展。我試著思索「沒有收藏品」代表什麼，以過去的概念而言，這已經逾越常識範疇，不能算是美術館。照常理而言是負面要素，如果想要轉為正面，該怎麼做才好呢？

想到這裡，我再將注意力轉向其他資訊。「日本國內最大的展示空間」是什麼意思？這也是過去沒有的，規模超出正常值範疇。再來看活動內容，則是「有公募展、有自主企劃展、有共同展覽，也有藝術中心的活動」，是過去國立美術館所無法想像的多元化內容。

合併考量這些要素，我的腦海忽然浮現「全新」這個關鍵字。這些都是過去不曾有的要素，如果以「全新」的觀點將一切轉為優勢，不就能夠順利整理組合了嗎？

發現這個觀點的瞬間，所有要素就順利置換了。以「全新」這個單字重新排序，最負面的項目就變成最正面的要素。「沒有收藏品」只須強調它不侷限於既有框架，積極揭示美術館新方向的態度；其他要素亦能解釋成是「全新」嘗試的一環。「這個可行！」我不禁為之振奮。

這個尋找觀點的過程，跟解讀暗號有些相似。猶如《達文西密碼》，從各種角度檢視截然不同的要素，加以解讀，最後浮現「全新」這個暗號。並非絞盡腦汁創造，而是解讀——提示一開始就近在眼前，只是我一直沒察覺而已。

找到「全新」這個觀點之後，再與各項資訊保持一段距離，重新檢視美術館整體，結果發現「國立新美術館」的名稱裡也有「新」這個單字。主題一開始就潛藏在名稱內，至此一切不謀而合。

新

THE
NATIONAL
ART CENTER,
TOKYO

到了這個階段，建築「結構體」的組合也非常迅速。識別標誌就決定使用「新」這個文字，若想用視覺來表現美術館的遠景，我認為除此之外別無選擇。從「新」這個觀點導出的遠景，就是「不侷限於舊框架，透過迄今沒有任何人做過的嘗試，開啟美術新頁的地點」。我也試著以「NACT」這個概念設計，可是要一眼傳達出上述遠景，沒有任何字眼比得上「新」。因為對方也有意朝國際化的方向發展，使用漢字的話，更能向海外各國強調該美術館來自日本。以上就是識別標誌設計的「結構體」部分。

## 在表現階段確實琢磨遠景

下一步則是「裝潢」。在實際設計的階段，將遠景延伸出來的「開放」當成關鍵字，因為該美術館致力發揮藝術中心的功能，除了蒐集資訊之外，更期望能成為資訊交換地。我想利用標誌強調這種「開放場所」的特性，於是去除「新」

這個文字裡所有線條和彎角的封閉部分，製作獨特的開放式字體。

此外，所有線條都是一邊直角，另一邊圓角，這個靈感源自黑川紀章先生的建築。美術館建築的正面呈現海浪般的曲線，另一側的展示空間則是直線，透過字體自然連接該建築特徵和標誌。因為整間美術館大量使用近乎黑色的木炭色，標誌顏色亦配合建築設計，採用日本傳統的緋紅和木炭色。

這種對整體統一感的考量，乃是最終階段的細節之一，亦是頗為重要的關鍵。透過統一建築概念和視覺溝通概念，確立美術館整體的全新形象，提升設計完成度。就算是相同色系，如果建築和標誌使用不同顏色，仍不免失去一致性，產生不協調的感覺。這也是拋開自我主張，以案件整體遠景為優先的想法。

如此完成的識別標誌，綻放明確的個性。提出「新」這個識別標誌的大概只有我一人，就比稿的指定內容而言，可說是違反規則，但我相信唯有回歸向世人強調全新美術館遠景這個根本目的，才能看見本質。這個提案最後之所以被採用，想必也是基於上述理由。

## 一旦迷惑，就試著想像具體場景

國立新美術館的案件讓我深刻體會到，即使長年從事藝術指導的工作，尋找觀點仍是非常困難的事。

因此，我要再介紹一個尋找觀點的好方法：一旦迷惑，就試著想像具體場景。換言之，設定各種「時間、地點、場合」，思考該如何說明自己面對的事物，例如：在公司簡報時、向女朋友解釋時、受訪答覆時……等等。假設的對象不能是「使用者」或「客戶」這類缺乏明確性的人物，因為缺乏真實性，將導致無法掌握對象的價值觀差異。因此，請將使用者改為女朋友、客戶改為X公司老闆，設定成具體人物。

我在處理國立新美術館這個案子的時候就是這樣，基於「向他人說明時，該如何介紹比較好？」這種想法，試著站在各種不同的立場思索。首先，如果我是館長，最想強調這是怎樣的美術館呢？是日本第五間？或是擁有最大的展示空間？倘若以條列式說明，顯得過於冗長，我希望能用一句話傳達「好棒！」這件事。

另一方面，對參觀者而言，日本第五或第六都不重要，他們更希望那是有趣的地方，或是能讓他們覺得有前往一遊的價值。如果能打出明確遠景，讓不遠千里前來參觀的訪客，回家後能向他人說明「那是這樣的地方」，應該就能感到安心。

一浮現這兩種場景，我認為能夠說服雙方的關鍵字就是「新嘗試」。這個假設場景的過程也是「拋開個人主張」的一種應用。

# 隨時保持尋找遠景的積極態度

退一步客觀檢視、轉換觀點、捨棄自以為是等等，這些都是「站在各種立場觀察事物」的方法之一。面對「資訊」這種不具實體的對象，想要整理，就得擁有這類靈活的應對手段。而最重要的大前提則是必須以遠景——應有面貌——為目標進行整理，如此才能積極地、熱切地面對，進而大幅提升傳達內容的精確度。多面向的「資訊」整理，亦是溝通的理想形態。

總之，當思緒遇到瓶頸、覺得溝通困難的時候，請改變觀察的角度。一旦熟稔這種靈活的「資訊」整理術，差不多就可以進入第三階段的「思考」整理術了。它雖然是難度最高的整理術，不過只要按部就班學習，就不會感到迷惘，而且其中有許多「資訊」整理術的應用，所以請一邊比較、一邊練習。

# 5章　第三階段：「思考」整理術——將思緒資訊化

# 將思緒資訊化，提升溝通精確度

## 瞭解自己難如登天

「跟A談的時候不太明白的事情，跟B談就非常清楚。明明是相同的內容，印象為什麼差這麼多？」

各位應該都有這類經驗吧？向他人如實傳達自己的想法極其困難——這是我前面一提再提的重點。能夠做到這件事的人，就是非常善於「思考」整理術的人。換言之，透過整理自己的思緒，提升精確度，就能明確地、穩當地傳達最重要的關鍵。

向他人傳達想法為何如此困難？這是因為「思考」是肉眼看不見的東西。「資訊」至少還能透過文字或影像等媒介來瞭解，「思考」卻是只存於大腦的抽象概念。因此，「思考」整理術的難度比「資訊」整理術更高。

話說回來，我們對自己似乎瞭若指掌，又好像不甚明白。就連自己的長相，終其一生都不可能看見實際影像。映照在鏡子裡的身影，總是左右相反，而照片或影片也是由第三媒體捕捉到的身影。同樣的道理，探索自己的思緒也是非常艱難的事。例如：

「你現在真正想做的是什麼？」

「人生最重要的是什麼？」

如果有人問你這類本質性的問題，你能不能立刻回答出來呢？正值少壯的人，或許會不假思索地回答「工作」，不過是否能夠基於明確信念向他人說明，就不一定了。要條理分明地整理這類模糊不清的思緒，其實非常不容易。

正因如此，一旦掌握自我思緒的核心，腦中的想法就能堅如磐石。

除了自己的思緒之外，如果可以好好整理、理解他人的思緒，也能夠大幅提升溝通的精確度。換言之，就是將原本抽象的思緒置換成明確的資訊，進行交換。是的，思考整理術的重點就是將思緒資訊化，之後的步驟都跟資訊整理術相同。所以，思考整理術可說是資訊整理術的高級應用篇。因為最初看不見整理的對象（要素），所以必須在整理術的步驟加上可視化作業。若以圖表說明，則如一四九頁所示。

## 一切要從將思緒置換成語言開始

那麼，我們該如何將思緒資訊化呢？最重要的步驟是「無意識的意識化」——發掘自然狀態下的心理，以及埋藏在內心深處的重要想法，並明確地意識它們。如此一來，就能進入下一階段的整理和排序。內容或許猶如哲學般難以

●思考整理術可幫助學習「思緒資訊化」

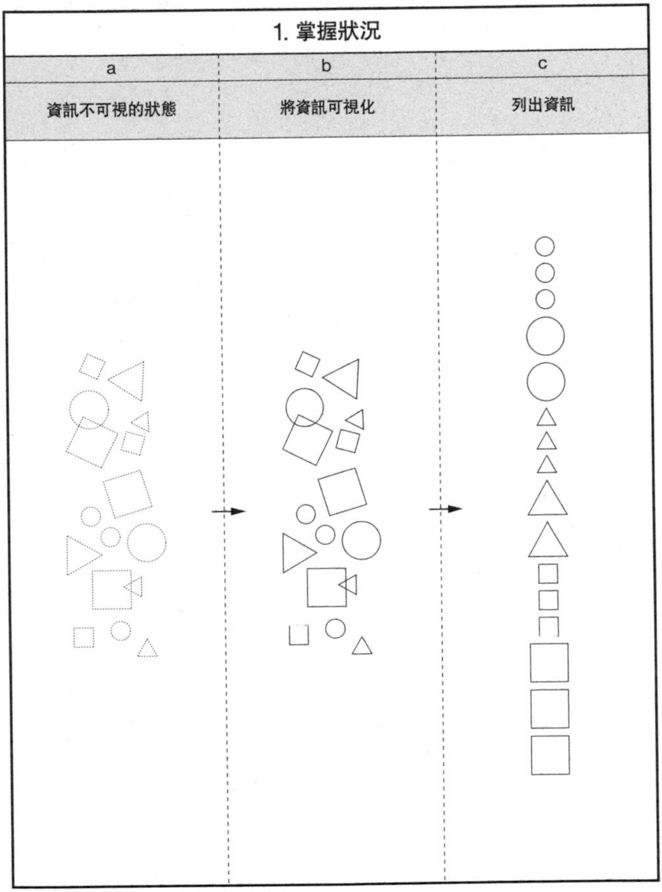

理解，不過這也是一種訓練，累積經驗值是學習整理術的最佳捷徑。

這時最重要的是「語言化」。因為若是能將模糊不清的思緒置換成語言，就能有條有理地向他人解說。語言化能讓思緒變成資訊。

話雖如此，要自行語言化、整理自我思緒極其困難，鮮少有人一開始就能客觀地自我檢視，反而對他人更能冷靜地觀察。

因此，請先從整理他人的言論開始練習。客觀檢視他人的思緒及想法，並試著置換成語言，能力逐漸提升之後，就能冷靜地檢視自己。假如覺得很難立刻將思緒置換成文章，不妨先列出關鍵字，累積至一定數量之後再進行分類，找出可以當成觀點的主軸。根據該主軸進行排序，重要事物便能浮現。這方面的步驟跟「資訊」整理術相同。重點是將思緒置換成正確詞彙的資訊化步驟。

## 提出假說，確認對方想法

資訊化時請務必建立假說，大膽向對方提問。大略整理出對方的言論之後，請試著置換成自己的語言，反問對方：「你的意思是這樣嗎？」如果該假說錯誤，對方便會反駁，此時再基於對方反駁的內容改變整理主軸，嘗試其他假說。理解自己的錯誤也非常重要，因為答案必然就在對方的內心，不斷反覆問答，對方想表達的重點就會漸漸清晰可見，焦點將慢慢吻合。因此，請毫不猶豫地提問。

「一直用假說質問對方，不會惹人厭嗎？」

或許有人會擔心這件事。可是，我向來堅決提問。日本人重視協調這種美德，喜見事情圓滿。就算是開會，很多時候都因為顧忌而不敢暢所欲言。然而，唯有勇於說出難以啟口的言論，才能發現問題本質。

提問當然不是為了駁倒他人，最重要的還是讓案件成功。既然發言是基於這個最高目標，行為就絕對不算失禮。如果在場人士都想讓案件成功，那就不成問題。所以，只要先闡述成功後的印象和遠景，再提出假說，對方就能體悟你的發言是誠懇真摯的。

## 佛洛伊德的心理療法「無意識的意識化」

順道一提，「無意識的意識化」出自佛洛伊德的心理療法。佛洛伊德是首位將「無意識」這個概念理論化的學者，他認為造成心病的原因是人們不知不覺間壓抑的欲望和衝動，唯有發掘、意識這些情緒，才能瞭解生病的原因。跟這些根本的問題對峙、克服問題，就能釋放壓抑、治好心病。

既然如此，該如何意識化呢？佛洛伊德想到的方法是「自由聯想法」。要深入挖掘患者畏懼的無意識世界非常困難，所以一邊進行自由對談，慢慢迫進核心，患者講述內心浮現的想法，治療者對其進行解釋，視患者反應再嘗試其他說明——不斷反覆這種行為，引出患者的強烈情緒。佛洛伊德認為這種情緒正是無意識世界的病因。

這個過程恰巧跟思考整理術的「向對方提出假說」一致。我不知道「自由聯想法」是否對所有心病有效，不過若想深入對方的無意識，這是相當有效的方法。

一旦習慣這個「向他人提出假說」的方法，請開始試著自問自答。在腦中進行問答可能會感到混亂，所以請試著寫成文章，這樣就比較容易理解。

## 自我無意識的意識化：DoCoMo行動電話

### 產品完成後，摸索概念的語言化

關於自我無意識的意識化，我來舉一個例子讓各位更容易理解思緒的整理過程。本例是二〇〇四年的NTT DoCoMo行動電話設計案，我後來也參與包括Kids行動電話等DoCoMo的各種創意指導（Creative Direction），不過一切的契機則是行動電話「N702iD」的設計案。

「別人的事只要反覆問診就能夠導出結果，可是一換成自己的事，為什麼就如此困難呢？」

這次的經驗讓我重新感受到，想要客觀地自我檢視是何其困難的事。

DoCoMo一開始的委託內容如下：

「隨著號碼可攜制度的施行，來自其他公司的競爭壓力逐漸升高。能不能請你設計一款魅力獨具的行動電話及軟體介面，吸引逐漸遠離的年輕用戶群呢？另外，我們也想請你規畫該行動電話的宣傳廣告和溝通戰略。」

聽完，我的腦海瞬間浮現「我想做這種氛圍的東西」，馬上就想到了成品氛圍，也就是包括手持印象和心情的整體感覺，彷彿立刻用網子捕捉到了答案。既然是商品設計，比起企劃書，提出具體的形狀和色彩更容易讓人明白，我這麼一想，就先製作紙張組合的行動電話模型。客戶看過之後，果然一眼就能理解我的想法，並同意開始商品化，雙方在早期階段就已共享目標形象。商品化時遭遇許多技術問題，花費兩年半左右的時間。不過，因為在設計階段就跟客戶達成了共識，完全無須整理自己的思緒，就能夠迎接成果的來臨。

到了記者發表會的階段，我忽然感到一陣困擾——再怎麼說，都不可能只秀成品給大家看，必須向世人說明自己為何要做這樣的行動電話，此時語言化的必要性就出現了。話雖如此，闡述若要震撼人心，只是將外形轉換成語言絕對不夠。行動電話成品是極度扁平的方形，即使告訴對方「我非常堅持這種扁平造形」，然而這是對方看了就明白的事實，不能算是傳達該行動電話的設計本質。方形結構是呈現出設計美學的形狀，因此解說上反而更加不易。

不過，我的腦海裡還是浮現直到成品完成為止的這兩年半之間，關於案件的各種關鍵字。

- 簡潔
- 銳利
- 直線
- 純淨
- 小巧
- 功能美

諸如此類，其他還列舉了許多意思相近的詞彙。然而，如果有人問我：「這款行動電話的概念是什麼？」實在不知道該將哪個當成出發點，該如何才能歸納出「從A到B再變C」這種秩序井然、讓眾人容易明瞭的說明方式呢？

## 向自己提出假說，進而發現概念

於是，我一個一個挑出關鍵字，自問自答。舉例來說，「功能美」的確是我想實現的項目，因為我認為「設計不是裝飾，而是追求功能的產物」。可是，一旦思考這是不是我的出發點，又覺得不是。功能美是外形的說明，總覺得像是從半途開始解說似的。

我重新仔細思量，接受委託時，瞬間浮現的外形核心有哪些？那裡理當有可以解決許多事情的重要關鍵，可說是我對行動電話的遠景。不找到它，就無法傳達我真正想做的事情。我無論如何都想將它轉換成語言，條理分明地闡述。

所以，我接著自問是不是想做成方形。我的確很喜歡直線。那麼，我為何會受直線吸引？我想到的答案是：因為那是自然界沒有的形狀。直線這種東西原本只存在於人類的思緒，是一種沒有滯礙的概念，我覺得這跟我受概念藝術吸引很類似。直線和概念藝術的共通點就是沒有滯礙、純粹，我當時確定這就是自己覺得它很有型的理由。

此時，我重新瀏覽關鍵字，「純淨」這個單字躍入眼簾。這個詞彙最適合用來表現沒有滯礙的感覺，而且在所有關鍵字裡面，唯有它不是描寫外形，更表現出態度、姿態。換言之，這也和「氛圍」有相通之處。在混沌之中，純淨這個字眼具備一股堅強不屈、神清氣爽的氛圍。

原來如此，一旦明白自己當時是想製作具備純淨氛圍的東西，就發覺「直線」和「功能美」這兩個詞彙都是將純淨有形化的特徵之一，出發點果然就是「純淨」。這時我又想到，「純淨」正是日本人特有的美學。在海外品牌大舉入侵的行動電話競爭市場，我深信這種擁有日本人ＤＮＡ的設計絕對風格鮮明。

這段尋找出發點之旅所受的苦，以及最後能夠讓概念別具深意，都是因為我並未只注意行動電話的外觀設計。客戶委託的時候，除了外觀形狀之外，也請我設計向社會發出訊息的溝通元件。假如我只負責外觀設計，或許就會設定成「功能性」這種更具體的概念。我當時希望透過「純淨」這個略偏抽象的詞彙，讓小巧美學的外觀、清爽堅毅的概念，能夠與使用者積極選擇這款行動電話的態度和美學意識有所連接。

最後，我在記者會斬釘截鐵地宣告「我想做純淨的行動電話」，明確傳達出自己對這個案件和現今行動電話市場的想法。正因如此，各家媒體才能正確告訴消費者「這款行動電話的概念是純淨」，成為銷售量逾一百萬台的暢銷商品。

因此，將自我「無意識的意識化」儘管不容易，但請務必持續建立假說，向自己提問。我前面提到「答案必然就在對方內心」，同樣的，「答案必然就在自己內心」。

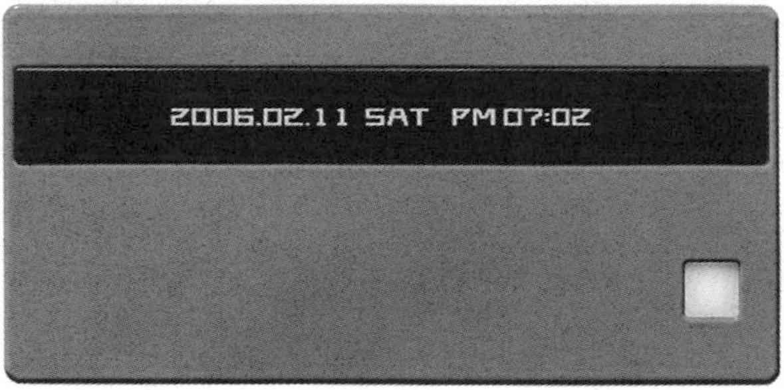
2006.02.11 SAT PM 07:02

# 找出與自己的接點：地方產業的品牌推廣

## 沒有真實感，就無法產生問題意識

我再舉一個自我無意識的意識化實例——二〇〇六年六月開始進行的今治毛巾品牌推廣案。這是地方產業的品牌推廣，是我未曾接觸的範疇，當時完全不知道自己能做些什麼。

今治也好、毛巾也好，老實說剛開始真的毫無概念。毛巾是天天使用的物品，可是各位有想過它是在哪裡生產的嗎？就算購買時會挑選製造商，但是應該沒有人連產地都會注意吧？聽說愛媛縣今治市不但是日本，而且是全球最大的毛巾產地。話雖如此，畢竟不是企業裡的一項商品，該如何對世人宣傳，一時間還真有些為難。

我從頭開始說明吧：這個案件是中小企業廳「日本品牌育成支援事業」的一環，目的是振興日本地方產業，致力扶植成為足以通行全球的品牌。今治案件起步當時，對方希望我能擔任創意指導，委託者是毛巾生產商的代表——今治商工會議所、四國毛巾工業聯盟以及今治市。

一如其他案件，我先開始進行客戶問診，但一開始就陷入苦戰。今治確實是毛巾的一大產地，不過以前多半是替各家服裝品牌代工，產地本身的品牌色彩很淡。此外，儘管品質精良，但是由於近來市場占有率遭到中國的廉價製品吞併，必須徹底找出今治毛巾的獨特魅力，才能進行有效訴求。

雖然透過問診瞭解上述狀況，但問題是無法繼續深入其中任何一點。我問自己為何如此，發現原因是它跟我沒有接點；換句話說，因為缺乏真實感，所以無法產生真正的問題意識，更不可能達成工作目標。

既然如此，該如何建立真實感呢？唯一的辦法就是繼續仔細問診，找出能夠產生共鳴的關鍵。以本次案件來說，我試著深入詢問出發點，也就是地方品牌的詳細情況。結果，靈感就此產生。

最近全球開始出現「如何推銷自己的國家」這種熱潮，例如布萊爾政權下的英國，相信不少人還記得英國在一九九七年揭示「酷不列顛尼亞」（Cool Britannia）文宣，大舉向世界主張英國是一個酷國家，諸如扶植藝術家、興建「泰特現代美術館」（Tate Modern）等，致力於保護創意產業。換言之，是國家級的廣告戰略。結果非常成功，各國也開始起而效尤，興起韓流熱潮的韓國就是成功的例子。

我發現，這個「日本品牌育成支援事業」，或許正是國家推銷的一種戰略。目的不止是推銷毛巾，而是將其視為國家品牌形象的一環，也就是透過振興地方產業來振興日本全國。我察覺這件事的瞬間，真實感隨之湧現，身為日本人，我也希望能夠盡一己之力。因此，一旦找到「國家品牌形象」這個觀點，就萌生自己能夠積極參與的自覺。如果只顧著想毛巾，就很難發現這個接點。

## 唯有視如己出，才能產生真實感

「對於別人的事情視如己出。」

這是思考整理術非常重要的關鍵。因為是將模糊不清的事物當成資訊，還要從中找出問題點，加以解決，如果不發掘跟自己的接點，不但無法湧現真實感，目標遠景亦將變得空洞。這絕非挾帶私情，由於不是任意揑造形象，而是必須從對象內部導出本質，如何提升個人動機就變得尤其重要。因此，不是扭曲對方拉近自己，而是讓雙方接點更貼近，產生真實感。

「你為何能夠從事各種不同類型的工作？」對於這個問題，如同我在第一章所說：「既然是從對象內心導出本質，自然不會腸枯思竭。」這裡則要再加上「因為我將別人的事情視如己出。」正如這次的情況，萬一負責的案件乍看之下跟自己毫無關聯，就要徹底挖掘資訊，尋求雙方的共通點。

例如最近我設計了某化裝品牌護膚產品的包裝，雖然起初不知該從何著手，不過，我發現自己雖然身為男性，每天還是會進行刷牙、洗頭這類儀容保養。找到了這個「每天保養」的觀點，頓時產生共鳴，也才能設計出方便好用的包裝。

回到今治毛巾的話題。找到「國家品牌形象」這個觀點，我的個人動機也大幅提升，加上實際試用今治毛巾之後，親身體驗了它優異的吸水力和柔軟的觸感。首先，應該積極強調今治生產了這麼棒的毛巾。

毛巾是天天使用的物品，而且跟肌膚直接接觸，站在使用者的角度，當然在意品質。如同食品類，產地和生產者的生產歷程管理系統落實得相當徹底，如果毛巾也製作品質保證的識別標誌呢？就像羊毛標誌般一目瞭然的圖案，跟標籤一樣縫在毛巾上，既能當作品質保證，亦能強調產地。一說到識別標誌，有不少情況是先做再說，最後設計出似是而非的圖案。然而，假使標誌本身缺乏明確目的，就沒有設計價值。

既然問題在於認知度不夠，課題就是設計具有震撼力的標誌。為了要正確喚起世人對今治毛巾的印象，我也多次聆聽生產者的意見，最後得知毛巾產業之所以能在該地興起，主要是多虧了豐富的自然環境——今治不但有適合染料的豐沛軟水，而且氣候溫和，乾燥迅速。

基於這些事實，我設計了一款簡潔有力的識別標誌：上方是內部有一個圓形挖空的紅色四邊形，下方則是三條藍色橫線。這是以海洋和太陽為概念，亦是今治的字首「i」。另外，紅色代表挑戰，藍色代表品質和傳統，白色代表毛巾的顏色和無限的可能性，連配色都有其意義。同時也加上英文字「imabari towel」，因為「今治」二字若用漢字會產生不易閱讀的缺點，並且也希望藉此標誌向國際推銷。

以這個識別標誌為開端，陸續展開包括開發新產品、培育毛巾挑選專家等各種活動。今治毛巾企劃如今正要展開，終極目標則是一提到毛巾，世人就能立刻聯想到今治，向全世界廣為宣揚「Made in Japan」的深厚實力。

進行思考整理的時候，請務必試試本例介紹的「對於別人的事情視如己出」，在「無意識的意識化」和「建立假說」方面，相信都能發揮潤滑的功效。

## 琢磨擦亮本質：UNIQLO的「應有面貌」

### 問診間發現UNIQLO的本質

下一個例子是UNIQLO的品牌形象，這個例子的重點在於對象（客戶）無意識的意識化。UNIQLO看準世界戰略，決定在紐約成立全球旗艦店，二〇〇六年初，我受託擔任創意指導，為了尋找可當成訴求的遠景，首先整理從局外人觀察UNIQLO時所發現的資訊。

UNIQLO當時的品牌輪廓開始有些模糊，不像十年前引領風潮時，向世人明確揭示其自由概念。刷毛外套這類簡約的殺手級商品極具魅力，我自己也感到興味盎然。然而，隨著品牌急速成長，商品和店鋪數量大幅增加，

UNIQLO開始摸索其他各種方向。同時，暢銷的UNIQLO開始融入人們的日常生活，逐漸失去新鮮感，原本明確的價值開始模糊。問診前的整理，讓我發現上述問題。代表取締役會長兼社長柳井正先生更直截了當地告訴我：「希望將UNIQLO的原有面貌化為明確可視的有形之物，向世人展示。」

既然如此，我便想透過問診瞭解更多我不知道的UNIQLO。基於這個想法，我請柳井先生說了許多關於UNIQLO的歷史，結果不斷地、不斷地出現大量有趣的題材。經營者柳井先生告訴我UNIQLO的獨特想法，時間飛快流逝，我一方面深受感動，同時也覺得沒有將這些想法如實傳達給世人實在非常可惜。

「衣服是服裝的零件。」柳井先生的這句話教我格外印象深刻，它的意思就是「UNIQLO與其說是『服飾公司』，不如說是類似東急手創館這種販賣螺絲和釘子等的零件公司」，換句話說，「怎麼組合都是消費者的自由」。

「原來如此啊！」我有一種豁然開朗的感覺。一般的服飾品牌，比起物品，多半是在提供諸如時代性的氛圍，UNIQLO這種想法的品牌很罕見，我覺得它的主張非常酷——並非強迫消費者接受其氛圍，而是淡然地製作零件，有一種跟其他品牌截然不同的獨特性。

那麼，既然要走向世界，就必須觀察周圍的情況。即將成立旗艦店的紐約，乃是休閒服飾的大本營，包括GAP、ZARA、H&M等，有大量類似UNIQLO這種SPA（製造零售業的自創品牌）形式的品牌，價格也多半很便宜，以價格帶來說，UNIQLO大約居於中上。

若是在日本競爭，就算從價格切入，UNIQLO也頗具優勢；可是有鑑於當地這種狀況，即便走向世界，光憑價格終究無法取勝。換句話說，假如沒有明確傳達出傲人遠景，站在消費者的立場，就找不到購買該品牌的理由。

所以，我一邊聆聽柳井先生的談話，一邊尋覓遠景。在我們談到想要加以琢磨、向世界宣揚的UNIQLO本質時……

「具有美學意識的超合理性。」我毫不考慮地告訴柳井先生。他並未露出驚訝的神情，只是點點頭說：「原來如此。」換句話說，因為我指出原本變得模糊難辨的本質，他才出現這種「果然如此」的反應。不止是柳井先生，就連UNIQLO的員工聽了也有「聽你這麼一講，確實沒錯」的感覺。

## 標誌設計加入日本品牌的氣概

「具有美學意識的超合理性」是從柳井先生的言談之中所導出的遠景。首先，UNIQLO一方面想盡各種方法壓低成本，創造低價格且高品質的高水準成本表現。而為了達成該表現，UNIQLO致力排除「多餘」。其次，從公司內部結構及生產體制等所有面向來看，爆炸性的成長速度肯定是合理的結果。至於「衣服是服裝的零件」這句話，當然也是基於其獨特美學意識所呈現出來的合理性。我之所以稱它為「超」合理性，是為了增加魄力的修詞技巧，加上

「超」這個字，才能成為一個完整的表現——不單是合理，同時表達出「致力琢磨基於美學意識之本質」這股強烈意志。

UNIQLO以前主打的口號是自由和民主，然而，若要搶攻全球市場，從「合理性」的主軸來整理不但更有趣，也比其他競爭公司更強、更具魅力。我也想過訴求「無國籍性」，向各種不同階層推銷，但柳井先生的言談讓我感受到一股代表日本品牌進出國際的氣概。既然如此，更應該明確宣揚日本特有的高品質，我想藉由「From Tokyo to New York」這個口號彰顯這一點。因此，旗艦店的商品陳列也希望能夠讓消費者感受UNIQLO特有的多樣化和巨大魄力，例如以漸層方式擺放數百件各種色彩的針織衫、製作一整面鋪滿T恤的T恤牆。選擇多樣化正是「具有美學意識的超合理性」的恩賜，我希望能夠強力傳達出這個足以傲視全球的特徵。

英文和片假名的標誌都是基於前述的遠景而設計，兩者皆是排除細膩表現、

http://www.uniqlo.com
http://www.uniqlo.com
http://www.uniqlo.com
Open 2006 Fall
niqlo.com
UNI QLO
UNI QLO
UNI QLO
Open 2006 Fall
Open 2006 Fall
Open 2006 Fall
542-54

UNI QLO
ユニクロ
http://www.uniqlo.com
Open 2006 Fall
Open 2006 Fall
Open 2006 Fall
http://www.uniqlo.com
http://www.uniqlo.com
http://www.uniqlo.com
http://www.uniqlo.com
http://www.uniqlo.com
Open 2006 Fall

僅保留骨架的印刷字體，表現充滿合理性的低調張力。標誌顏色也回歸創業當時的企業代表色——沉穩的胭脂色，並非混合數種色彩，而是沒有雜質的純紅。這種鮮豔奪目的色彩，最適於強調傲人的合理性。

柳井先生特別喜歡片假名的標誌。他說就算外國人看不懂，正方形內部配置的四個文字圖形也足以表現出UNIQLO的本質，鐵定能夠在海外釋放強烈魄力。事實上，這個強力的標誌在紐約街頭的確格外引人注目，希望它今後繼續發光，成為UNIQLO全球化遠景的象徵。

## 深入無意識：FAST RETAILING的企業識別

### 如何導出腦海裡的遠景

我就是像這樣找到了UNIQLO的全球化遠景。過程其實相當迅速，對客戶進行問診的同時，靈感就當場浮現了。我想這是由於柳井先生的思路清晰，加上品牌知名度高，許多內容已經成為現象。真要說起來，感覺或許很接近資訊整理。

相較之下，二〇〇六年秋季負責的FAST RETAILING企業識別（Corporate Identity）一案，就頗為深入客戶的無意識。有別於累積大量歷史和現象的UNIQLO，FAST RETAILING的未來遠景剛要起步，因此整理期間歷經多次的失敗。

正如各位所知，FAST RETAILING是UNIQLO的母公司。有很長的一段期間，世人都認為UNIQLO＝FAST RETAILING，因此沒有特別製作企業識別的必要。然而，柳井先生之所以不用UNIQLO，另外取了FAST RETAILING這個公司名稱，其實有其意圖，UNIQLO則是這個巨大遠景裡的一項嘗試。

近一年來，FAST RETAILING透過併購增加品牌，迅速集團化。所以，身為母公司，開始有必要揭示FAST RETAILING的企業識別。

話雖如此，集團化才剛起步，整個集團未來的走向如何，外界仍不得而知。遠景正處於實體化的過程，只存於客戶內心，摻雜了許多夢想和希望，尚未排序，是一個未經整理的狀態。

## 提出假說，探索客户的思緒

遇到這種情況，首先還是進行問診。FAST RETAILING跟UNIQLO不同，不是消費者品牌。領導複數品牌的母公司，應該是什麼樣子？雖然也有追求休閒概念這種走向，但是這麼一來，要是未來經營高級品牌，不免變得無法契合。此外，隨著規模不斷擴張，企業社會責任（Corporate Social Responsibility）亦隨之增加。柳井先生也表示希望繼續追求革新，並讓全球人類感到幸福。

基於上述要件，我開始思索企業識別的骨幹——識別標誌和標語。一般的母公司都沒有太過強烈的主張，而是以世人普遍能夠接受的訊息為中心。事實上，我最初的提案也是採取這個走向，以柳井先生那句「讓全球人類感到幸福」為訴求，設計四邊形的綠色標誌，是任何人都很容易親近的圖案。

柳井先生看過標誌，只說了一句：「嗯——感覺完全不一樣哪。」

我儘管詫異，但不可否認內心早有預感。柳井先生又說：「這個標誌看起來就像隨處可見的母公司，雖然冷靜思考的結果或許就是這樣。」

總而言之，按照普通常識主軸來整理的話，多半就是這種穩重、團結的印象。可是這樣一來，便無法明確彰顯FAST RETAILING的風格。

柳井先生想要強調的是「繼續追求革新」這種意志，觀點不是「共生」，而是「革新」。比起安定與和諧，穩健的創新企業精神才是FAST RETAILING的未來遠景。我歷經多次問診，從眾多資訊中挑出的觀點並不正確。

不過，正因為從觀點導出假說，加以視覺化，並大膽向對方提問，客戶和我才能確認那是錯誤的方向。向對方提出假說，促使正確觀點浮出檯面，才能進一步找到整理的線索。

FAST RETAILING

## 以大紅標誌表現「革新」觀點

我立刻捨棄之前完成的標誌，重新設計。找到「革新」這個觀點的瞬間，猶如霧散天晴般清楚看見了正確的走向。只要繼續朝革新邁進，同時也能達成柳井先生「讓全球人類感到幸福」的另一項期盼。

「顏色果然還是紅色吧？」我問柳井先生應該如何表現這種遠景，他很堅定地回答：「我想沒錯。」一聽到這個答覆，我便躍躍欲試。

這次外形也迅速浮現。說到要表現「前進吧！」這種氣勢的標誌，就是旗幟。旗幟象徵革新和挑戰，我覺得是最佳主題。而且是直角三角形，不是四邊形，因為我想強調出朝著目標遠景邁進的感覺。我還在旗幟加入白色直線，設計成三條線構成的圖案，代表FAST RETAILING的字首。一方面表現「F」，同時又有持續向前衝的速度感，並且恰好跟文案前田知巳先生構思的標語「改變衣服、改變常識、改變世界」的三則訊息吻合。

這次的標誌如實地將客戶的思緒置換成具體圖案。我在公司的內部會議上發表企業識別內容時，柳井先生的感想也指出了這點。

「我非常喜歡這個識別標誌，第一個理由是『紅色』，其次是『向右爬升』，再加上『尖銳』的形狀。」

「紅色」代表革新。「向右爬升」則是從三角形底邊朝右上角升起的形狀，讓人聯想到持續成長的能量。尖銳是三角形的銳角所給人的印象，這也跟柳井先生「人不能變得太圓滑」的信念相通。我非常高興這個標誌能夠替客戶傳達「我們是這樣的公司，將繼續朝這個方向努力」的意志。

更教我高興的是，對方表示：「你一定很輕鬆就設計出這個標誌吧。」我覺得這是最高級的稱讚，因為我認為企業標誌絕對不能給人過度賣弄的感覺，否則就等於沒有確實做好整理。識別標誌是非常崇高的東西，必須指出明確的走向。

就這樣，最後成功完成FAST RETAILING「無意識的意識化」。這個案件讓我重新體認到「將思緒語言化」和「建立假說，大膽向對方提問」的重要性。

## 設計全新的T恤選購法：UT

### 從T恤的媒體性所產生的商業模式

我目前仍然持續與UNIQLO合作，最新的案件則拓展至另一個全新領域——商業模式的設計。

新成立的生意是名為「UT」的專業T恤品牌。二〇〇七年四月底，旗艦店「UT STORE HARAJUKU.」在原宿正式開幕，誕生契機則要回溯至UNIQLO紐約旗艦店一案的會議閒談。

「UNIQLO這個品牌就像一個媒體，正因如此，我認為一定有『只有UNIQLO才能做的事情』，而且應該要嘗試才對。」

聽到我這番言論，柳井先生表示：「說到UNIQLO的獨特商品，而且知名度不及刷毛外套和針織衫，那就是T恤。我也想做世界第一的T恤品牌。T恤是所有衣服裡最簡單的產品，很有潛力成為理想的商業模式。」

從這段談話浮現的是——能夠發送訊息的T恤本身就是媒體。如果能夠有效發展T恤專賣店，以商業而言極具潛力。加上UNIQLO本身就是擁有多樣T恤商品的品牌，每一季推出的產品高達五百種，甚少品牌有如此豐富的T恤產量，放眼全球恐怕亦屬獨一無二。因為T恤迄今不像刷毛外套那般令人印象深刻，我很想放手一搏。

## 世界第一T恤品牌的系統設計

於是我立刻著手問診。柳井先生的期望是「製作世界第一的T恤品牌」，可是，我不知道該如何實現這個目標。經過多次溝通，我明白他「想要做類似手錶品牌swatch那種店」——盒裝化的商品總是在旋轉，銷售遍及全球各地，因為模組簡單，店鋪規模亦能自由變化……原來如此，聽起來頗為有趣。我覺得這是非常棒的著眼點，不但車站或機場那種小空間就能開店，而且商品很輕，不占地方。

就UNIQLO的情況而言，本身就在大量生產T恤絕對是強項；可是，就現狀來說，這也同時成為劣勢。隨時隨地都能購買確實是優點，但反過來說，也等於欠缺了時尚性和嗜好性這類附加價值。此外，選擇多樣化一方面令人開心，可是也有種類多得難以選擇的缺點。不止如此，客人攤開T恤確認圖案之後，賣場就會變亂，因此員工必須重新疊好。T恤的種類越多，這個「折疊」的作業就得花費更多時間。

我聆聽柳井先生的談話，認為首要的工作就是要整理大量T恤，將它們分別包裝化，方便處理。我想要設計一整套選購法。產品再好，礙於目前的購買流程有太多不合理，無法好好傳達出它的魅力所在。因此，我站在「製作世界第一T恤品牌指的是什麼？」這個觀點，重新整理柳井先生的思緒，確信比起產品製作，系統研發更為重要。正如Google和YouTube，必須是提供劃時代系統的品牌。一旦完成基礎架構，接著只要添加內容物，就能成為世界性的商業品牌，亦能積極推動各種合作計畫。我一提出這個假說，柳井先生便大大點頭贊同。

於是，並非單純販賣產品，「UT」這個T恤系統的概念就此完成。

## 利用保特瓶將問題點扭轉為附加價值

接下來的課題就是如何實現這個概念。因此，最重要的就是包裝方法。除了方便分類和容易處理等功能性之外，包裝本身也必須具備吸引力，擁有促成購買動機的附加價值。

雖然理論已經整理完成，可是究竟該如何實現呢？面對這個高難度的課題，我度過了好長一段百思不得靈感的苦日子。所以，我便從形態、素材、成本等各種觀點，一一檢驗目前想得到的包裝方法。

首先，可以想到的包裝形態是盒裝。以素材來說，則有：紙張、木頭、金屬、塑膠……等。依照盒子的形狀，例如薄型或管狀，印象也會隨之改變。其次我思考的是，是要做成可以看見圖案的唱片封面？還是有圖案的透明塑膠盒？可以想到的形狀和素材非常多，令我感到很興奮。可是，諸如重量、店面管理、成本等等，每一種都有其各自不同的問題。

由於歸納不出好辦法，我便試著從其他觀點檢視眼前陳列的材料。不限於衣物，我試著尋找某種規格單一、種類多樣，又能讓消費者以低價輕易購得的東西，例如CD、DVD、啤酒、飲料等等，我依序思索，忽然間靈光一閃。

「在便利商店買保特瓶飲料的行為最接近！」飲料可分為咖啡、茶品、果汁、水、運動飲料等等，所有的類別都由保特瓶這個單一規格包裝，而且能夠應付便利商店、超市，乃至於自動販賣機的任何賣場。就技術層面而言，只要製作一個模子，就能大量生產，加上只須換貼不同類別的標籤，成本也不高。既輕巧，又堅固，還可以回收，最重要的是好玩有魅力。保特瓶是可以解決所有問題的答案。

「用保特瓶販賣T恤」——我對這個全世界史無前例的新提案感到興奮。起初一直站在賣方觀點思考問題而找不到答案，沒想到一換成買方角度就立刻解決。將觀點主軸從「賣方」轉換成「買方」，才能找到解決問題的線索。

那麼，保特瓶包裝要如何在店鋪陳列呢？旗艦店是向社會宣傳UT品牌的重要地標。單純的並排方式沒有震撼力，若要善用這個嶄新包裝，應該將店鋪陳列都納入設計概念，或許可以傳達更強烈的訊息。依著這樣的想法，我將店鋪概念訂為「未來T恤便利商店」。

讓我來說明店鋪的景象吧：讓人聯想到便利商店飲料區的一整面牆壁，放置著設計成近未來的飲料冰櫃，裡面陳列了大量裝著T恤的保特瓶。冰櫃的玻璃門以LED顯示各種類別，例如：日本流行文化企劃、企業合作、彩通配色

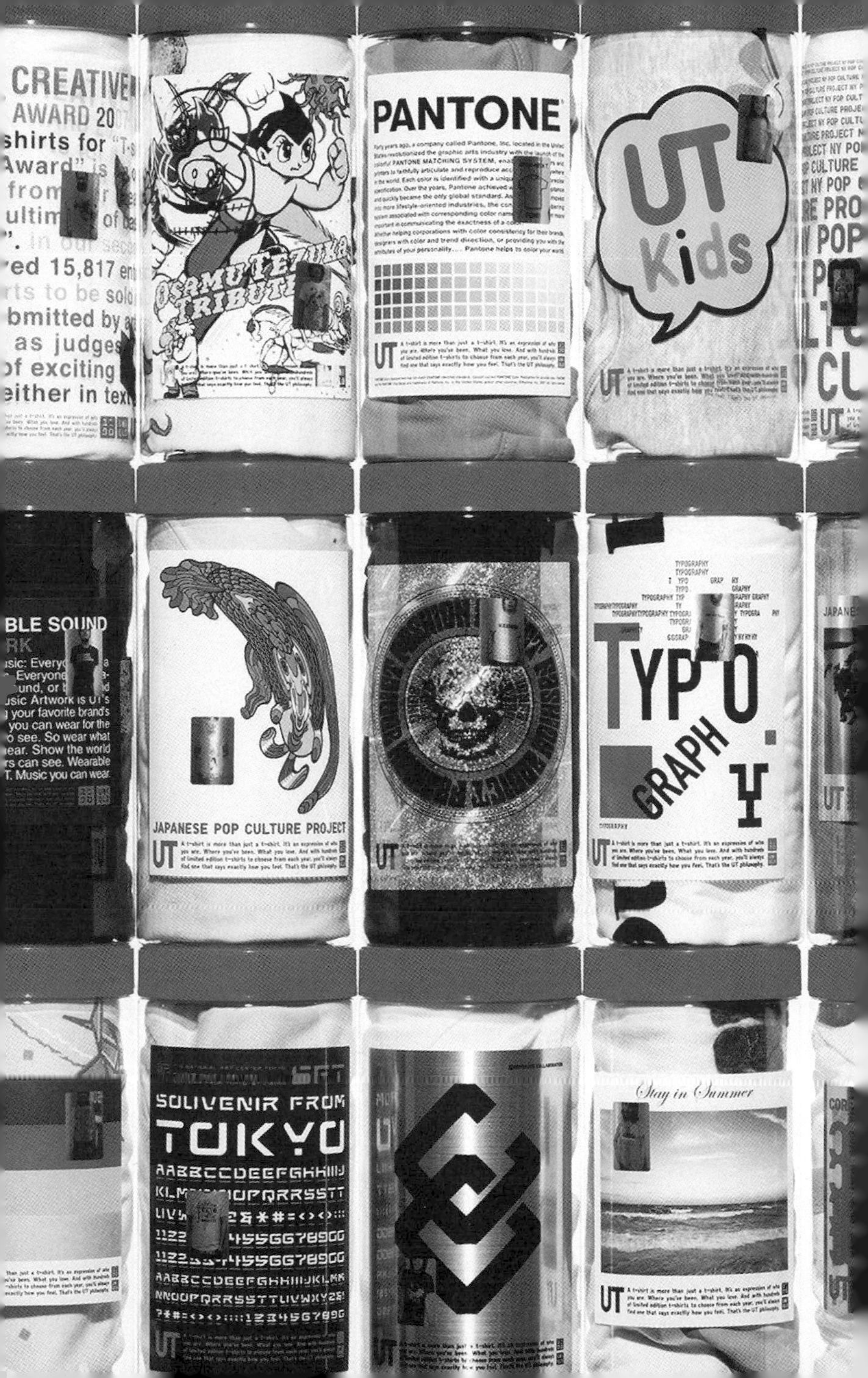
CREATIVE
AWARD 20
PANTONE
PANTONE MATCHING SYSTEM
UT
UT Kids
OSAMU TEZUKA TRIBUTE
NY POP CULTURE PROJECT
JAPANESE POP CULTURE PROJECT
A t-shirt is more than just a t-shirt. It's an expression of who you are. Where you've been. What you love. And with hundreds of limited edition t-shirts to choose from each year, you'll always find one that says exactly how you feel. That's the UT philosophy.
TYPOGRAPHY
TYPO GRAPH Y
SOUVENIR FROM TOKYO
Stay in Summer

（Pantone）、兒童等，依冰櫃區分類別，一目瞭解。此外，樣品T恤則以衣架吊掛陳列，讓消費者可以實際觸摸確認圖案和尺寸。如此一來，不但容易挑選，賣場也不會變亂。

除此之外，因為陳列的T恤多達五百種，每層樓均設置了名為「UT搜尋」的檢索機台。這個特地為UT開發的高科技系統，不但可以從色彩、圖形、主題、關鍵字搜尋自己喜愛的T恤，還能搜尋該商品的陳列地點。一樓主牆則擺放十二台顯示器，播放以T恤為主題的最新虛擬影像，四樓則設置了藝廊。嶄新而摩登的空間裡，猶如挑選飲料般挑選裝在保特瓶裡的T恤。這個全新的T恤選購法，成為該商業模式的重要指標。

「UT STORE HARAJUKU.」一開幕，就在日本國內外掀起熱烈迴響，甚至出現一下子就銷售一空的產品，店裡連續數天都擠滿大量顧客，這般擁擠的狀況讓人不禁發出欣喜的悲鳴。

## 思緒的整理成果：全新醫院形象

### 探究現今醫療環境的問題本質

最後來介紹我目前正在進行的案件——大阪新成立的千里復健醫院，理事長橋本康子醫生親自委託我擔任藝術指導。

「醫院的藝術指導要做些什麼？」各位或許會感到意外，其實步驟完全一樣。首先進行問診，整理理事長的思緒，將成立醫院的理由置換成語言。

復健醫院目前在日本為數不多，理事長思想新穎，對醫療環境的現狀感到不滿，例如惡劣的照顧環境——一般醫院基本上都是多人同房，但理事長明確表示該院「全部採個人房體制」，又說「想大幅增加復健員工」。這間醫院總共提供一百七十二張病床，若是一般醫院，復健員工約莫十人，理事長則希望增加到八十至九十人，提供患者無微不至的照顧。他在談話間更提到：「過去的醫院空間都太缺乏味道，難道就不能讓環境變得更舒適嗎？」除此之外，也浮現許多現實面的問題。

理事長在四國也經營了一間橋本醫院，雖然一件一件地處理該院遇到的問題和困境，目前也採用了相當嶄新的經營模試，然而，一直無法找出最根本、最全面的解決方法。

於是理事長重新思考該院面臨的問題，覺得最根本的原因或許是醫院空間缺乏對患者的照顧及關懷。不止是人為的照顧條件，理事長認為醫院更忽視空間和建築的重要性——環境對人的影響甚大，美麗舒適的空間應該能夠讓患者沉悶的心情逐漸開朗。

## 概念是「復健休閒中心」

我一邊整理理事長的思緒，腦海驀地浮現某個形象。雖然是假說，我還是毫不猶豫地向理事長提問。

「以概念來說，就是復健休閒中心的感覺嗎？」

「沒錯！」理事長伸手拍膝應道。一直不知該如何形容的模糊遠景，終於化為明確的語言，理事長感到非常開心。

復健休閒中心。明明是醫院，休閒中心是什麼意思——或許也有人會這麼想。過去醫療環境缺乏的正是這個「休閒中心」的部分，不是嗎？這間醫院固然是身體的復健機構，但是透過提供舒適的空間和真誠的服務，也能發揮心靈復健的功能。而唯有心靈的復健，才能促進身體的復健。理事長以前一直覺得無法滿足的部分，就是現代醫療環境裡沒有加入「心靈復健」的觀點。

其實我並非一開始就參與本案，而是在建築工程進入一定階段時才加入。理事長向設計師提出「想蓋成高級休閒中心的感覺」和「想蓋成住宅」等要求，然而因為沒有用語言完整解說，這樣的想法並未確實地傳達給設計師。因為遠景很模糊，全體成員無法共享，一到裝潢階段，就陷入「不是那樣，也不是這樣」的狀態。於是，「復健休閒中心」這個概念便成為了重要關鍵字。基於這個概念，由我負責家具設計的總監。

建築內部採休閒飯店風格，有熱帶魚悠遊其間的水槽，客廳有暖爐，芳香療法和圖書館也很充實，家具全部是摩登且美麗的北歐製品，告別典型醫院印象的日光燈、塑膠地磚、採用柔和的間接照明、充滿溫馨感的木質地板，應該能讓患者放鬆心情。

員工制服也全面翻新。委託自ISSEY MIYAKE獨立的設計師滝沢直己先生，設計了一款非白衣的新穎服裝。理事長希望制服給人整齊清潔的印象，因為整齊的服裝較能讓人放心。在圖稿階段，已經讓我感到相當佩服，因為它兼具「整齊」和「高雅」兩種元素，採用麻這種素材的輕巧外型，就像美國殖民時期的飯店員工。我十分期待看見一個能讓患者感到安心和舒適的成品。

二〇〇七年秋季完成第一階段的工程，醫院將開放部分營運。預定三年後完成所有工程，正式營運。如果這個案件能對日本醫療的「心靈照顧」點一盞燈，就是我感到最高興的事。

相信各位已經瞭解，正如前面其他例子，醫院的藝術指導亦是透過「將思緒語言化」和「提出假設」找出正確的走向。請各位也試著積極實踐。因為是很困難的作業，這個練習或許一開始免不了偏離主題，然而重點在於不斷嘗試，不輕言放棄，如此一來，就能逐漸提升精確度。因此，請相信溝通的力量，繼續嘗試。此外，「思考」整理與「資訊」整理相同，最重要的前提是要以「應有面貌」為目標進行整理。

# 6章　整理術開啟新靈感之門

## 最重要的關鍵是找出觀點

前面依照「空間」→「資訊」→「思考」的階段，介紹我個人的整理術。從自己周圍開始，逐漸提升難度，不知各位是否已經掌握到大略的感覺了呢？

以下再重述一次各章重點。

- **空間整理：整理重點是設定優先排序**
- **資訊整理：要設定優先排序必須先導入觀點**
- **思考整理：要導入觀點須先將思緒資訊化**

請重新回顧第二章的整理步驟表，現在是不是比當初更容易掌握重點了呢？

從空間進入思考的階段，隨著難度增加，需求動機亦隨之升高。話雖如此，無論是哪種階段的整理，基本核心都一脈相通。

那就是「導入觀點」。我再重申一次，根據採取的觀點不同，整理的走向也會迥然相異。換句話說，若能導入優異的觀點，就能夠確定解決問題的大方向。首先，試著舉出幾個觀點主軸，再根據「時間、地點、場合」選出最有效的觀點。

前面所舉的整理過程實例，都是我個人的工作經驗。因此，各位只要視情況進行靈活應對，應該就不成問題。

就「空間」整理而言，乃是基於「使用頻率如何」、「是否立刻需要」等時間軸的觀點進行排序。不過，其他還有諸如「何者功能最佳」、「何者設計最美」等各種可能觀點，無須以單一立場整理所有事物。例如文件可以依時間軸、文具可以依功能主軸等，請視「時間、地點、場合」，尋找自己覺得最舒適的觀點。

至於「資訊」和「思考」整理，情況更是千差萬別。請根據當時的問題點，試著改變各種觀點。答案必然就在對方的內心，請千萬不要焦慮，要不斷地嘗試。

此外，不是一找到觀點就萬事告終，整理的觀點會隨著時間不斷「更新」。以電腦為例，就像是新技術或系統問世，就會產生新的整理方法。正如各位的生活型態終將變化，優先排序自然會隨之改變；隨著自我不斷成長，整理術也將跟著進步、發光。實際感受這種進步，可以說是整理術的樂趣所在。

## 只要抱持目的，技巧就能活起來

本書各章介紹了尋找觀點的提示和技巧，想要善加運用它們，某件事必須謹記在心——對，就是要抱持「我為何整理？」這個目的。為了整理而整理，無法產生任何結果。例如「空間」整理，我說過捨棄是與「不安」和「暫且」的戰鬥，然而如果不靠身體實際感覺，就很難真正理解，因此「捨棄」是最直接的方法。擁有捨棄的勇氣，就能整理空間甚至是自己的心情，請各位務必一試。

然而，「捨棄」絕對不是目的，充其量只是手段。至於「為什麼要捨棄」，則是為了決定什麼是真正重要的事物，而且是為了更珍惜它們。如果沒有意識到這個目的，整理將偏離正確的方向。除此之外：

**・定期更新→防止東西增加**

- **決定物品的固定位置，使用後立刻物歸原位→保持作業環境清爽**
- **決定「外框」，統一規格→簡單明瞭地進行分類**

一如上述，每項提示都有其目的，而且都跟「藉由保持空間的清爽來提升工作效率、迴避風險」——也就是「空間」整理術的終極目標息息相關。

「資訊」和「思考」的整理亦然。

- **退一步客觀檢視**
- **首先捨棄自以為是**
- **轉換觀點，從各種角度觀察**

上述是「資訊」整理術的重點。至於「思考」整理術：

- **將自己和對方的思緒置換成語言**
- **建立假說，大膽向對方提問**
- **思考時要對於別人的事情視如己出**

這些就是本書提及的重點。「思考」整理的目的是進行「思緒資訊化」，以便與他人順暢交換大腦裡的模糊想法。之後的部分就跟「資訊」整理相同，只須遵循找出有助解決問題的觀點這個目的，參考各項重點即可。

至於「資訊」和「思考」整理的終極目標，則是「接近遠景＝應有面貌」；倘若置換為「應有面貌＝理想的作業環境」，就變成「空間」整理的終極目標。只要能夠熟稔上述重點、找到理想的觀點，便能朝「應有面貌」踏出一大步。

以上就是我個人的「整理建言」，同時我也經由整理自己的思緒，重新感受整理的樂趣和深奧。誠心期盼讀完本書的各位也能產生「好！我來試試看吧！」的積極想法。

## 答案一定就在眼前！

最後，我要再向各位強調一件事情。

或許有許多人認為「整理」和「解決問題」是不同的事情，覺得整理是事務性作業，解決問題則是另一個次元的創意工作。

事實絕非如此。相信各位從各章的內容能夠感受到「整理和解決問題在同一維度互相連接」——「解決問題」可以置換為「找出應有面貌」，而整理術則是找出應有面貌的一種方法。

整理、找出全新觀點，就能察覺迄今一直沒發現的事物，讓視野變得清晰，並且獲得許多積極發現，例如產生全新的心情、找到具有震撼力的切入點、掌握讓人感動的關鍵點等等。換言之，一旦找到觀點，馬上就能成為靈感的線索。

如果找到了優異的觀點，即使只是基於該觀點變更要素排序，許多時候甚至就能直接成為答案。人們往往誤以為，尋找解決問題的答案就是要創造某種新事物，實則不然。就算想從零提出答案，也很難找到。以「空間」整理為例，即使「想要舒適有效地執行工作」，也無法一蹴而得。只要好好整理，排除多餘事物，最後就能獲得舒適的環境。一旦確實踩上最初的階梯，自然就能進入下一個階段。

商場上的道理也是如此。「寫不出好企劃書」、「想不出好點子」、「很難做出成效卓然的簡報」，遇到這種情況時，不是一心企求沒有的東西，而是應該試著重新排列目前手邊的材料。並非從零創造成果，而是站在穩固的立場重新組合眼前的事物，如此一來，工作的精準度將有天壤之別。

我前面所提及的工作案件，例如UNIQLO的標誌、FAST RETAILING的企業識別等，正是此種作業的成果。我並未創造任何新的概念，而是站在各種不同的角度，檢視我在替客戶問診時所獲得的資訊。客觀地後退一步，建立假說，同時進行優先排序。找出「合理性」或「革新」這些關鍵字之後，再靠設計能力加以琢磨，最後向客戶展示「就是這個！」的嶄新事物。

如此這般，試著重新整理現有材料，就極有機會得到「非常可行！」的點子。有時候或許最終仍找不到好素材，遇到這種情況，只要鼓起勇氣拋開一切，搜集新材料即可。

因為遍尋不著好點子而感到悲觀之前，請先重新檢視眼前的材料，只要整理、掌握現有資訊，多半就能解決問題。整理術是開啟新靈感的門扉，絕非基於義務而執行的事務性作業。不但如此，它更是導出答案的創意工作。

我再重申一次：解決問題的線索必然就在對象的內心。只須站在優異的觀點整理對象，就能確定解決問題的走向。答案近在眼前。

# 後記

本書是我的第一本著作。過去雖然出版過作品集或是彙錄雜誌特集的書籍，不過基於單一主題詳查自我思緒、加以整理則是初次嘗試。

話說回來，我過去的工作內容都是以設計為主，創造某種具形事物。相較之下，甚少有機會放大檢視關於創造根源的思考模式。我從以前就有意無意地尋思，倘若機會許可，日後或許可將這個思考模式實體化。

其實以前也有人委託我撰寫關於設計或規畫的書籍，本書付梓的契機也是接獲了相同委託。可是，我認為自己還不夠資格撰寫這種概論性的主題，覺得這是自不量力的行為，因為寫這類書籍必須徹底磨練出能夠客觀瞭望事物的觀點。不過，我也覺得這是將自己的思考模式實體化的大好機會，便開始尋找可以成為切入點的主題，最後浮現的就是「整理」。這個主題向來是我的工作概念，亦可從「整理」這個切入點重新檢視自己的設計。

實際提筆之後，我發現要寫成書比想像中困難，這正牽涉到我本身的思緒整理。將腦子裡朦朧不清的思緒，一個一個轉換成文字、加以資訊化之際，我也慢慢掌握到自己真正想說的內容。儘管歷日曠久，可是因為耐著性子解讀自己的思考模式，成功重新整理了迄今培養出來的整理術。

老實說，我從以前就對設計和整理的關聯性深信不移。雖然明白，然而某方面又將兩者分開思考。不過，透過撰寫本書，兩者間的關係變得格外清晰。正如前述，我越來越能夠認同「設計亦是充滿創意的整理術」，而且在工作方面也比以前更能明確活用整理術。換句話說，這個技巧完全變成我的囊中物，等於是我個人的一大升級。徹底完成整理術這個方程式，才能憑空解說重點，或是應用於不同的「時間、地點、場合」。技巧這種東西，唯有實際感受效果，才能成為自己所有，因此請各位務必積極實踐。

最後，本書在眾人協助之下才得以付梓，包括至今為止誠蒙照顧的許多客戶、參與各個案件的設計師和員工等等。各位惠賜的諸多靈感和提示，對於解決問題大有幫助，案件才能朝「應有面貌」邁進。假如本書能夠生動傳達出其間過程，本人深感快慰。關於我個人的思緒整理，則是由作家高瀨由紀子小姐、日本經濟新聞出版社三上秀和先生進行問診，多蒙兩位照顧。此外，本書刊登的照片多數是由瀧本幹也先生拍攝。在此一併向諸位致上謝意。

佐藤可士和

二〇〇七年八月二十日

**本書刊登照片・作品一覽表**

| | |
|---|---|
| P.2 | SAMURAI |
| P.6 | 國立新美術館 |
| P.7 | UT STORE HARAJUKU. |
| P.8 | NTT DoCoMo FOMA N703iD |
| P.65 | SAMURAI會議空間 |
| P.128 | 明治學院大學　識別標誌 |
| P.135 | 國立新美術館 |
| P.139 | 國立新美術館　識別標誌 |
| P.160 | NTT DoCoMo FOMA N703iD |
| P.172 | UNIQLO紐約旗艦店 |
| P.181 | FAST RETAILING　CI |
| P.191 | UT STORE HARAJUKU. |

**相關內容網址**

SAMURAI工作室｜http://kashiwasato.com/#samurai
麒麟「極生」「生黑」發泡酒｜http://kashiwasato.com/#gokunama
本田STEP WGN｜http://kashiwasato.com/#step_wgn
SMAP｜http://kashiwasato.com/#smap
明治學院大學｜http://kashiwasato.com/#meiji_gakuin_university
國立新美術館｜http://kashiwasato.com/#national_art_center,_tokyo
NTT DoCoMo FOMA N702iD｜http://kashiwasato.com/#docomo_n702id
今治毛巾｜http://kashiwasato.com/#imabari_towel
UNIQLO紐約旗艦店｜http://kashiwasato.com/#uniqlo_soho_ny
FAST RETAILING｜http://kashiwasato.com/#fast_retailing
UT｜http://kashiwasato.com/#ut
千里復健醫院｜http://kashiwasato.com/#senri_rehab

國家圖書館出版品預行編目資料

佐藤可士和的超整理術／佐藤可士和著；常純敏譯．
——二版．——臺北縣新店市：木馬文化出版：遠足文化發行，2008.09
面；　公分．——（Insight；1）
譯自：佐藤可士和の超整理術
ISBN：978-986-359-007-1（平裝）
1. 工作效率　2. 事務管理　3. 生活指導

494.01　　103006562